编委会

校企（行业）合作
系列教材

环境监测实验指导

主　编：王春花
副主编：刘开国　胡文英　黄建辉

厦门大学出版社
XIAMEN UNIVERSITY PRESS

国家一级出版社
全国百佳图书出版单位

图书在版编目（CIP）数据

环境监测实验指导 / 王春花主编 ；刘开国，胡文英，
黄建辉副主编. -- 厦门 ：厦门大学出版社，2025. 4.
ISBN 978-7-5615-9674-6

Ⅰ. X83-33

中国国家版本馆 CIP 数据核字第 2025P8J406 号

责任编辑　畦　蔚
美术编辑　蒋卓群
技术编辑　许克华

出版发行　厦门大学出版社

社　　　址　厦门市软件园二期望海路 39 号
邮政编码　361008
总　　　机　0592-2181111　0592-2181406(传真)
营销中心　0592-2184458　0592-2181365
网　　　址　http://www.xmupress.com
邮　　　箱　xmup@xmupress.com
印　　　刷　厦门市明亮彩印有限公司

开本　787 mm×1 092 mm　1/16
印张　12.25
插页　2
字数　270 千字
版次　2025 年 4 月第 1 版
印次　2025 年 4 月第 1 次印刷
定价　39.00 元

本书如有印装质量问题请直接寄承印厂调换

厦门大学出版社
微信二维码

厦门大学出版社
微博二维码

前　言

当今社会，环境问题已成为全球关注的焦点。随着工业化快速发展、城市化进程加速以及人口数量的不断增长，各种污染物排放量急剧增加，大气污染、水体污染、土壤污染等环境问题日益严峻，对生态系统平衡、人类健康以及社会可持续发展构成严重威胁。环境监测作为环境保护的"耳目"和"哨兵"，是了解环境质量状况、掌握污染动态趋势、制定环境保护政策和措施的重要依据，在环境保护工作中占据着举足轻重的地位。

环境监测是一门实践性很强的学科，通过实验操作，学生将所学知识应用于实际环境样品的采集、处理和分析中，掌握环境监测的技能和方法。本书正是在这样的背景下编写的，旨在为环境监测相关课程的教学及环境监测工作者的实践提供系统、实用、具有指导性的实验教材。

本书内容涵盖了环境监测的主要领域，包括大气环境监测、水环境监测、土壤环境监测、固体废物监测以及生物监测等。每个领域都选取了具有代表性的实验项目，从样品的采集、保存、预处理到分析测定，详细介绍了实验原理、步骤、仪器设备的使用方法以及数据处理和结果分析等内容，使读者能够全面了解环境监测的各个环节。

实验指导书的核心在于指导实践操作。本书在编写过程中，充分考虑了实验的可行性和实用性，对每个实验的操作步骤都进行了详细描述，帮助读者更好地理解和掌握实验操作方法。同时，书中还强调了实验操作的规范性和安全性，提醒读者在实验过程中注意遵守实验规则，确保实验顺利进行和人身安全。随着科学技术的不断发展，环境监测领域也不断涌现出新的技术和方法。本书在编写过程中，注重引入环境监测的前沿技术和方法，如在线监测技术、生物传感器技术、光谱分析技术等，使读者能够了解环境监测的最新发展动态，开阔视野，提高创新能力。

本书适于作为高等院校环境科学、环境工程、生态学、化学等相关专业环境监测实验课程的教材,同时也可供环境监测机构、科研院所、企业等从事环境监测工作的人员阅读参考,帮助他们提高实验操作技能以及分析和解决问题的能力。

本书是校企合作的教材,编写团队由多位在环境监测领域具有丰富教学和科研实践经验的专家、学者组成。他们长期从事环境监测教学和研究工作,对环境监测的理论和方法有着深入的理解。

环境监测工作任重而道远,需要不断探索和创新。我们希望通过本书的出版,能够为环境监测人才的培养和环境监测事业的发展贡献一份力量。

由于编写时间仓促和水平的限制,书中难免存在不足之处,敬请广大读者批评指正。

作 者

2025 年 4 月

目　录

第一章　课程概况、实验室规章制度与安全教育

1.1　课程概况

一、课程简介

环境监测实验是环境科学与环境工程专业的基础课之一。通过本课程的学习,学生应掌握环境监测的基本技能与实验技术,能进行野外与实验室内的分析监测工作。

二、实验目的

环境监测包括水质、大气、噪声、土壤等环境要素的污染物监测。通过实验,学生进一步了解环境监测的含义、污染物分析测定的基本原理、环境监测的质量控制和数据处理方法,并初步掌握环境样品的采集和处理方法。

三、主要仪器设备

大气采样器、PM_{10}采样器、声级计、采水器、酸雨采集器、多功能水质自动监测仪、分光光度计、原子吸收分光光度计、流动注射仪、离子色谱仪等。

1.2　实验室规章制度

一、学生守则

(1)为了顺利完成实验任务,确保人身、财产安全,培养学生严谨、踏实、实事求是的科

1

学作风和爱护国家财产的优秀品质,要求每个学生必须遵守实验室各类规章制度。

(2)学生实验前要充分预习,认真阅读实验指导书,明确实验原理、要求和目的,按要求写出预习报告或实验方案,不做预习和无故迟到 30 分钟者不得进入实验室。

(3)进入实验室后应保持安静,不得高声喧哗和打闹,不准抽烟、吃零食,不准随地吐痰和乱扔纸屑等杂物,保持实验室和仪器设备的整齐清洁,不做与实验内容无关的事。

(4)使用仪器设备前,必须熟悉其性能、操作方法及注意事项,使用时严格遵守操作规程,做到准确操作。因操作错误导致仪器设备损坏,按章处理或赔偿。如损坏仪器设备不报告,一经发现将严加处罚。

(5)独立完成实验操作,善于发现问题,培养分析问题、解决问题的能力。如实地记录各种实验数据,不得随意修改,不得抄袭他人的实验记录或结果。

(6)爱护实验室的设备、设施,节约用电、材料等,严禁在墙、桌椅、仪器等公物上涂写,严禁盗窃、蓄意损坏公物,违者按学校有关规定处理;对所使用的仪器设备,发现问题应及时报告。未经许可,不得动用与本实验无关的仪器设备及其他物品;严禁将实验室任何物品带走。

(7)实验过程中必须注意安全,掌握出现险情的应急处理办法,避免发生人身事故,防止损坏仪器设备。

(8)实验结束时,实验数据和结果需经指导教师检查签字后,方能拆除实验装置,并将仪器设备整理好,才能离开实验室。

(9)值班学生要负责关闭实验室的水、电、气、窗,并安排物业保安人员做好巡查工作后方能离开实验室。

(10)学生课外时间到实验室做实验,需按照有关规定进行(如实验室开放制度等)。

(11)学生因故不能到实验室做实验的,应事先向指导教师请假,并另行安排时间补做。

(12)实验过程中如发生事故,应自觉写事故报告,说明原因,总结经验,吸取教训;造成损失的,将视事故轻重,由相关部门按学校有关规定处理。

二、环境监测实验室服务指南

(一)实验室简介

(1)实验室主要承担环境监测专业课程的实验教学。实验室内设 72 个实验位置,每个实验位置配备实验仪器柜 1 个,内置常用玻璃仪器 1 套、一般水龙头 1 个、减压抽滤龙头 1 个、二三插带开关电源面板 1 个,未配备桌面抽风系统。本实验室内备有公用标准通风橱 4 个,加热源需由电源转变。

(2)配套仪器有天平、电子分析天平、恒温水浴、电炉、电热板、电烘箱、电冰箱、恒温培养箱、电导率仪、pH 计、分光光度计、水质采样器、测流仪、空气采样器、空气颗粒物采样器、噪声监测仪、离心仪等。

(3)学生实验柜可依据课程内容特点配套常规常用低值实验仪器 1 套。

（二）实验指导教师须知

（1）要使用本实验的单位，需在每使用周期开始日的 6 个月前，依教学实验计划提供详细的教学实验内容清单、实验课程用书、实验者身份及人数、每周实验课时、实验程序安排等信息。落实实验指导教师名单，并进行具体实验课程协调工作。

（2）承担有关课程的实验指导教师，需在每开课周期开课日 4 个月前，向本实验室提供实验课程所需准备的硬件；提出学生实验柜要求配置仪器的清单，经与实验室管理人员讨论后决定配置清单；提交实验课时程序安排以及每次实验课所需提前准备的其他公共使用仪器设备的类型、数量、质量要求，相关试剂的名称、数量、质量要求等，经与实验室管理人员商讨后，依据实验室所能提供利用的资源情况，及时对实验做调整。

（3）指导学生清点实验柜内仪器，并于每次实验课程结束时清还给实验室。指导学生正确使用和保管仪器，过程中如有损坏，应明确原因、责任，签名确认后让学生及时补领。

（4）合理安排分配学生使用公共仪器设备，正确指导学生完成实验任务。上课时间内应先于学生进场，迟于学生离场，指导教师自始至终应于现场指导，并对实验期间的安全、纪律和秩序全面负责。

（三）实验室管理人员须知

（1）保持实验室仪器设备处于良好状态。

（2）在接受教学实验工作安排后，积极与有关单位和相关实验指导教师沟通，具体落实教学任务。

（3）在实验课指导教师的指导下，协助实施教学工作，进行实验前的进场和实验后的清场工作。

（4）依据实验指导教师的具体要求，报批和采购实验所需的仪器设备、化学试剂和实验耗材。积极与实验指导教师沟通，汇报因各种因素制约未能提供的服务，以便及时对实验过程运作进行调整。

（5）实验进行时间内，及时关注设备运行情况，保障实验课顺利进行。

（四）实验人员须知

（1）正确进行实验操作，关注自身、他人和实验室的安全。

（2）正确、安全、有序地使用公共仪器设备，妥善保管使用实验柜内的仪器设备。如损坏仪器设备，需按情节接受相应的赔偿。

（3）接受实验指导教师、实验室管理人员的指导，节约资源、能源，尊重物业管理人员的劳动。

（4）遵守上级实验室管理机构制定的相关守则和规定。

三、环境监测实验室实验守则

（1）学生进入实验室做实验，应严格遵守实验室管理条例，服从管理人员的安排。

（2）学生须在教师指导下进行实验。

（3）实验前认真预习，掌握、了解仪器操作规程、药品性能和实验过程中可能出现的问题。

（4）做实验时，要正确地进行操作，避免实验事故的发生。要爱护仪器设备，除指定使用的仪器外，不得随意乱动其他设备。实验用品不准挪作他用。

（5）要节约用水、用电，节约使用药品。对有毒、有害的物品必须交指导教师进行处理，不得乱扔、乱放。

（6）因违反操作规程而损坏或丢失仪器者应按有关规定赔偿。

（7）实验时，要保持室内安静，不得高声交谈，更不能到处走动影响他人实验。

（8）实验完毕，要及时清洁工作台，把清洁后的仪器、工具放回原处，并报告指导教师或管理人员，经同意后才能离开实验室。

1.3　实验室安全教育

实验课教师在每学期第一次实验课时，需对学生进行安全教育，内容包括紧急突发事故处理方法、自救互救常识以及紧急电话（如 110、119、120 等）使用常识等。针对本课程的特点，实验室安全教育主要包括火灾、爆炸、中毒、实验室环保等几个方面，具体内容由任课教师讲解。

第二章　水和废水监测实验

2.1　实验一　水样色度和浊度的测定

一、实验目的

(1)了解色度和浊度的基本概念。

(2)掌握色度和浊度的测定方法。

二、实验原理

水中色度和浊度是衡量水质的重要指标,现将它们的定义和测定方法简述如下:

色度是水样颜色深浅的度量。某些可溶性有机物、部分无机离子和有色悬浮微粒均可使水着色。水样的色度应以去除悬浮物后为准。通常采用铂钴比色法测定色度,即用氯铂酸钾和氯化钴配制成标准色列,被测水样的颜色与之进行比较,并规定浓度为 1 mg/L 铂所产生的颜色为 1 度。

浊度是表示水中悬浮物对通过光线产生的阻碍程度。它与水样中存在颗粒物的含量、粒径大小、形状及颗粒表面对光散射特性等因素有关。水样中的泥沙、黏土、有机物、无机物、浮游生物和其他微生物等悬浮物与胶体物质都可使水体浊度增加。我国规定 1 L 蒸馏水中含有 1 mg 二氧化硅所产生的浊度为 1 度。

三、实验试剂

(1)无色度、浊度水。将蒸馏水通过 0.2 μm 滤膜,弃去最初的 250 mL,用以配制色度和浊度的标准溶液。

(2)铂钴标准溶液。称取 1.246 g 氯铂酸钾(K_2PtCl_6)及 1.000 g 氯化钴($CoCl_2 \cdot 6H_2O$),溶于 200 mL 水中,加 100 mL 浓盐酸,转入 1000 mL 容量瓶后用水稀释至标线,存放暗处。此标准溶液的色度相当于 500 度。

（3）二氧化硅浊度溶液。称取约 3 g 白陶土置于研钵中,加入少量水充分研磨成糊状,移入 1000 mL 容量瓶,加水至标线。振摇均匀后静置 24 h,用虹吸法弃去表面 5 cm 深的液层,然后收集 500 mL 中间层的溶液。取 50 mL 此悬浊液置于已恒重的蒸发皿中,用水浴蒸干,随后置于 105 ℃ 烘箱内烘 2 h,冷却,称量,求出每毫升悬浊液中含白陶土的质量(mg)。边摇边振,吸取含 250 mg 白陶土的悬浊液置于 1000 mL 容量瓶中,加水至标线,此溶液振摇均匀后的浊度为 250 度。取此溶液 100 mL 置于 250 mL 容量瓶中,加水至标线,得到浊度为 100 度的标准溶液。在各标准溶液中加入 1 g 氯化汞保存,防止菌类生长。

四、实验步骤

(一) 色度的测定

（1）分别吸取色度为 500 度的标准溶液 1.00 mL、2.00 mL、3.00 mL、4.00 mL、5.00 mL、6.00 mL、7.00 mL、8.00 mL、9.00 mL、10.00 mL、12.00 mL、14.00 mL 置于 100 mL 比色管中,用水稀释至标线。其色度分别为 5 度、10 度、15 度、20 度、25 度、30 度、35 度、40 度、45 度、50 度、60 度、70 度。若封住管口,可长期保存。

（2）取 100 mL 澄清水样(若浑浊,先经离心处理,取上层清液)盛于 100 mL 比色管中,与标准铂钴色度系列做目视比色。比色应在自然光线下进行,比色管底部衬一张白纸或白色瓷板,比色管要稍微倾斜,使光线由液柱底部向上透过。如果水样色度超过 70 度,可用水稀释后再比色。

(二) 浊度的测定

1. 浊度为 1～10 mg/L 水样的测定

（1）分别吸取浊度为 500 度的标准溶液 0 mL、1.00 mL、2.00 mL、4.00 mL、6.00 mL、8.00 mL、10.00 mL 置于 100 mL 比色管中,加水至标线,混匀,其浊度依次为 0 度、1.0 度、2.0 度、4.0 度、6.0 度、8.0 度、10.0 度。

（2）吸取 100 mL 均匀水样置于 10 mL 比色管中,和(1)配制的标准系列在黑色底板上进行目视比色。

2. 浊度为 10～100 mg/L 水样的测定

（1）分别吸取浊度为 250 mg/L 的标准溶液 0 mL、10.0 mL、20.0 mL、30.0 mL、40.0 mL、50.0 mL、60.0 mL、70.0 mL、80.0 mL、90.0 mL、100.0 mL 置于 250 mL 容量瓶中,加水至标线,混匀,即得浊度分别为 0 度、10 度、20 度、30 度、40 度、50 度、60 度、70 度、80 度、90 度、100 度的标准系列,转入 250 mL 具塞无色玻璃瓶中。

（2）吸取 250 mL 水样,置于 250 mL 具塞无色玻璃瓶中,摇匀。将瓶底放在有黑线的白纸上作为判别标志,眼睛从瓶前向后看,记录与水样有同样浊度的标准溶液度数。如果水样浊度超过 100 度,需稀释后再测定。

五、数据处理

(一)色度

按下式计算：

$$C = \frac{M}{V} \times 500$$

式中，C——水样的色度，度；

M——铂钴溶液用量，mL；

V——水样体积，mL。

(二)浊度

按下式计算：

$$A = \frac{CV}{B+V}$$

式中，A——稀释后水样的浊度，度；

C——水样的色度，度；

B——稀释水体积，mL；

V——原水样体积，mL。

六、注意事项

(一)色度

(1)pH 对色度影响较大，pH 高时往往色度加深，在测量色度时应测量溶液的 pH。

(2)当水体受污染，水样的颜色与标准系列不一致时，应用文字描述颜色。

(3)由于氯铂酸钾价格很贵，也可称取 0.5000 g 铂丝，溶于适量王水中，于通风橱内，放在石棉网上加热，使铂丝溶解生成氯铂酸，蒸发至干。加少许盐酸，加热使剩余的硝酸分解，如此反复处理数次。加入 1.000 g 氯化钴（$CoCl_2 \cdot 6H_2O$）和 100 mL 纯水，再加 100 mL 盐酸，移入 1000 mL 容量瓶内，用纯水定容，所得标准液的色度为 500 度。

(二)浊度

(1)配制浊度标准所用的标准品有硅藻土和高岭土，它们的成分都以 Al_2O_3 与 SiO_2 为主，但 Al_2O_3 与 SiO_2 的比例相差很大，且与产地有关。用不同高岭土及硅藻土配制的浊度标准液的吸光度相差很大，其结果可相差 2～3 倍。

(2)水样的浊度也可用光度法进行测定，即在波长 660 nm 处，用 10 mm 比色皿测定浊度标准溶液的吸光度，绘制标准曲线，然后在同样条件下测量水样的吸光度，在标准曲线上查得相应的浊度值。

(3)透明度的含义与浊度相反,但二者都反映水中杂质对透过光线的阻碍程度。对浊度的精确度要求不高时,也可测定水样的透明度,再通过透明度与浊度换算表查得浊度。

本实验的水质指标应做平行测定。

七、思考与讨论

(1)影响色度和浊度测定的因素有哪些?

(2)浊度与悬浮物的质量浓度有无关系?为什么?

2.2 实验二 芳名湖水氨氮的测定

氨氮的测定方法通常有纳氏试剂比色法、苯酚-次氯酸盐(或水杨酸-次氯酸盐)比色法和电极法等。纳氏试剂比色法具有操作简便、灵敏等特点,但钙、镁、铁等金属离子,硫化物,醛、酮类,以及水中色度和混浊等干扰测定,需要进行相应的预处理。苯酚-次氯酸盐比色法具有灵敏、稳定等优点,干扰情况和消除方法同纳氏试剂比色法。电极法通常不需要对水样进行预处理,并具有测量范围宽等优点。氨氮含量较高时,可采用蒸馏-酸滴定法。

一、实验目的

(1)掌握氨氮测定最常用的三种方法——纳氏试剂比色法、电极法和滴定法,了解氨气敏电极使用。

(2)复习含氮化合物测定的有关内容。

二、纳氏试剂比色法

(一)实验原理

碘化汞和碘化钾的碱性溶液与氨反应生成淡红棕色胶态化合物,其色度与氨氮含量成正比,通常可在波长 410~425 nm 范围内测其吸光度,计算其含量。

本法最低检出浓度为 0.025 mg/L(光度法),测定上限为 2 mg/L。采用目视比色法,最低检出浓度为 0.02 mg/L。水样做适当的预处理后,本法可适用于地面水、地下水、工业废水和生活污水。

(二)实验仪器

(1)带氮球的定氮蒸馏装置:500 mL 凯氏烧瓶、氮球、直形冷凝管。

（2）分光光度计。

（3）pH计。

（三）实验试剂

配制试剂用水均应为无氨水。

（1）无氨水。可选用下列方法之一进行制备：

①蒸馏法：每升蒸馏水中加0.1 mL硫酸，在全玻璃蒸馏器中重蒸馏，弃去50 mL初馏液，接取其余馏出液于具塞磨口的玻璃瓶中，密塞保存。

②离子交换法：使蒸馏水通过强酸性阳离子交换树脂柱。

（2）1 mol/L盐酸溶液。

（3）1 mol/L氢氧化钠溶液。

（4）轻质氧化镁（MgO）：将氧化镁在500 ℃下加热，以除去碳酸盐。

（5）0.05％溴百里酚蓝指示液（pH 6.0～7.6）。

（6）防沫剂：如石蜡碎片。

（7）吸收液：①硼酸溶液：称取20 g硼酸溶于水，稀释至1 L。②0.01 mol/L硫酸溶液。二选一。

（8）纳氏试剂。可选择下列方法之一制备：

①称取20 g碘化钾溶于约25 mL水中，边搅拌边分次少量加入氯化汞（$HgCl_2$）结晶粉末（约10 g），至出现朱红色沉淀不易溶解时，改为滴加饱和氯化汞溶液，并充分搅拌，当出现微量朱红色沉淀不再溶解时，停止滴加氯化汞溶液。

另称取60 g氢氧化钾溶于水，并稀释至250 mL，冷却至室温后，将上述（8）①缓慢注入氢氧化钾溶液中，用水稀释至400 mL，混匀。静置过夜，将上清液移入聚乙烯瓶中，密塞保存。

②称取16 g氢氧化钠，溶于50 mL水中，充分冷却至室温。

另称取7 g碘化钾和碘化汞（HgI_2）溶于水，然后将此溶液在搅拌下徐徐注入氢氧化钠溶液中。用水稀释至100 mL，贮于聚乙烯瓶中，密塞保存。

（9）酒石酸钾钠溶液：称取50 g酒石酸钾钠（$KNaC_4H_4O_6 \cdot 4H_2O$）溶于100 mL水中，加热煮沸以除去氨，放冷，定容至100 mL。

（10）铵标准贮备液：称取3.819 g经100 ℃干燥过的氯化铵（NH_4Cl），溶于水中，移入1000 mL容量瓶中，稀释至标线。此溶液每毫升含1.00 mg氨氮。

（11）铵标准使用液：移取5.00 mL铵标准贮备液于500 mL容量瓶中，用水稀释至标线。此溶液每毫升含0.010 mg氨氮。

（四）实验步骤

1. 水样预处理

取250 mL芳名湖水样（如水样中氨氮含量较高，可取适量并加水至250 mL，使氨氮含量不超过2.5 mg），移入凯氏烧瓶中，加数滴溴百里酚蓝指示液，用氢氧化钠溶液或盐酸溶液调节至pH 7左右。加入0.25 g轻质氧化镁和数粒玻璃珠，立即连接氮球和冷凝管,导管下端插入吸收液液面下。加热蒸馏,至馏出液达 200 mL 时,停止蒸馏。定容至 250 mL。

采用酸滴定法或纳氏比色法时,以 50 mL 硼酸溶液为吸收液;采用水杨酸-次氯酸盐比色法时,改用 50 mL 0.01 mol/L 硫酸溶液为吸收液。

2. 标准曲线的绘制

分别吸取 0 mL、0.50 mL、1.00 mL、3.00 mL、5.00 mL、7.00 mL 和 10.00 mL 铵标准使用液于 50 mL 比色管中,加水至标线,加 1.0 mL 酒石酸钾钠溶液,混匀。加 1.5 mL 纳氏试剂,混匀。放置 10 min 后,在波长 420 nm 处,用光程 20 mm 的比色皿,以水为参比,测定吸光度。

由测得的吸光度,减去零浓度空白管的吸光度后,得到校正吸光度,以氨氮含量(mg)为横坐标,以校正吸光度为纵坐标,绘制标准曲线。

3. 水样的测定

(1)分取适量经絮凝沉淀预处理后的水样(使氨氮含量不超过 0.1 mg),加入 50 mL 比色管中,稀释至标线,加 0.1 mL 酒石酸钾钠溶液。

(2)分取适量经蒸馏预处理后的馏出液,加入 50 mL 比色管中,加一定量 1 mol/L 氢氧化钠溶液以中和硼酸,稀释至标线。加 1.5 mL 纳氏试剂,混匀。放置 10 min 后,同标准曲线步骤测量吸光度。

4. 空白实验

以无氨水代替水样,做全程序空白测定。

(五)数据处理

由水样测得的吸光度减去空白实验的吸光度后,从标准曲线上查得氨氮含量。

$$氨氮(N, mg/L) = \frac{m}{V} \times 1000$$

式中,m——由校准曲线查得的氨氮量,mg;

V——水样体积,mL。

(六)注意事项

(1)纳氏试剂中碘化汞与碘化钾的比例对显色反应的灵敏度有较大影响。静置后生成的沉淀应除去。

(2)滤纸中常含痕量铵盐,使用时注意用无氨水洗涤。所用玻璃器皿应避免被实验室空气中的氨污染。

三、滴定法

(一)实验原理

滴定法仅适用于已进行蒸馏预处理的水样。调节水样至 pH 在 6.0～7.4 范围,加入氧化镁使水样呈微碱性。加热蒸馏,释出的氨被吸收入硼酸溶液中,以甲基红-亚甲蓝为指示剂,用酸标准溶液滴定馏出液中的氨。

当水样中含有在此条件下,可被蒸馏出并在滴定时能与酸反应的物质,如挥发性胺类等,将使测定结果偏高。

(二)实验试剂

(1)混合指示液:称取 200 mg 甲基红溶于 100 mL 95％乙醇,另称取 100 mg 亚甲蓝溶于 50 mL 95％乙醇,以两份甲基红溶液与一份亚甲蓝溶液混合后备用。混合液一个月配制一次。

(2)硫酸标准溶液($c_{\frac{1}{2}H_2SO_4}$ ＝0.02 mol/L):分取 5.6 mL (1＋9)硫酸溶液于 1000 mL 容量瓶中,稀释至标线,混匀。按下列操作进行标定。

称取 180 ℃ 干燥 2 h 的基准试剂级无水碳酸钠(Na$_2$CO$_3$)约 0.5 g(称准至 0.0001 g),溶于新煮沸放冷的水中,移入 500 mL 容量瓶中,定容至刻度,摇匀,取此碳酸钠溶液 25 mL,加 1 滴 0.05％甲基橙指示液,用硫酸溶液滴定至淡橙红色止。记录用量,用下式计算硫酸溶液的浓度。

$$c_{\frac{1}{2}H_2SO_4}\,(\mathrm{mol/L})=\frac{W\times1000}{V\times105.99}\times\frac{0.5}{500}\times25$$

式中,W——碳酸钠的质量,g;

V——消耗硫酸溶液的体积,mL。

105.99——碳酸钠的相对分子质量。

(3)0.05％甲基橙指示液。

(三)实验步骤

(1)水样预处理:同纳氏试剂比色法。

(2)水样的测定:向硼酸溶液吸收的、经预处理后的水样中加 2 滴混合指示液,用 0.020 mol/L 硫酸溶液滴定至绿色转变成淡紫色止,记录硫酸溶液的用量。

(3)空白实验:以无氨水代替水样,同水样全程序测定。

(四)数据处理

按下式计算氨氮含量:

$$氨氮(\mathrm{N,mg/L})=\frac{(A-B)\times M\times14\times1000}{V}$$

式中,A——滴定水样时消耗硫酸溶液的体积,mL;

B——空白实验消耗硫酸溶液的体积,mL;

M——硫酸溶液浓度,mol/L;

V——水样体积,mL;

14——氨氮(N)摩尔质量;

1000——克转换为毫克的转换系数。

四、电极法

(一)实验原理

氨气敏电极为复合电极,以 pH 玻璃电极为指示电极,银-氯化银电极为参比电极。此电极对置于盛有 0.1 mol/L 氯化铵内充液的塑料套管中,管端部紧贴指示电极敏感膜处装有疏水半渗透薄膜,使内电解液与外部试液隔开,半透膜与 pH 玻璃电极间有一层很薄的液膜。当水样中加入强碱溶液将 pH 提高到 11 以上,使铵盐转化为氨,生成的氨由于扩散作用而通过半透膜(水和其他离子则不能通过),使氯化铵电解质液膜层内 $NH_4^+ \rightleftharpoons NH_3 + H^+$ 反应向左移动,使氢离子浓度变小,由 pH 玻璃电极测得其变化程度。在恒定的离子强度下,测得的电动势与水样中氨氮浓度的对数成一定的线性关系。由此,可从测得的电位值确定样品中氨氮的含量。

挥发性氨产生正干扰,汞和银因同氨络合力强而有负干扰,高浓度溶解离子影响测定。

该方法可用于测定饮用水、地面水、生活污水及工业废水中氨氮的含量。色度和浊度对测定没有影响,水样不必进行预蒸馏。标准溶液和水样的温度应相同,含有溶解物质的总浓度也要大致相同。

该方法的最低检出浓度为 0.03 mg/L 氨氮,测定上限为 1400 mg/L 氨氮。

(二)实验仪器

(1)离子活度计或带扩展毫伏的 pH 计。
(2)氨气敏电极。
(3)电磁搅拌器。

(三)实验试剂

所有试剂均用无氨水配制。
(1)铵标准贮备液:同纳氏试剂比色法试剂(10)。
(2)100 mg/L、10 mg/L、1.0 mg/L、0.1 mg/L 的铵标准使用液:用铵标准贮备液稀释配制。
(3)电极内充液:0.1 mol 氯化铵溶液。
(4)5 mol/L 氢氧化钠(内含 0.5 mol/L EDTA 二钠盐)混合溶液。

(四)实验步骤

(1)仪器和电极的准备:按使用说明书进行,调试仪器。
(2)标准曲线的绘制:分别吸取 10.00 mL 浓度为 0.1 mg/L、1.0 mg/L、10 mg/L、100 mg/L、1000 mg/L 的铵标准溶液于 25 mL 小烧杯中,浸入电极后加入 1.0 mL 氢氧化钠溶液,在搅拌下,读取稳定的电位值(1 min 内变化不超过 1 mV 时,即可读数)。在半

对数坐标线上绘制 E-$\lg c$ 的标准曲线。

（3）水样的测定：取 10.00 mL 芳名湖水样，以下步骤与标准曲线绘制相同。由测得的电位值，在标准曲线上直接查得水样中的氨氮含量（mg/L）。

（五）注意事项

（1）绘制标准曲线时，可以根据水样中氨氮含量，自行取舍 3 或 4 个标准点。

（2）实验过程中，应避免由于搅拌器发热而引起被测溶液温度上升，影响电位值的测定。

（3）当水样酸性较大时，应先用碱液调至中性，再加离子强度调节液进行测定。

（4）水样不要加氯化汞保存。

（5）搅拌速度应适当，不可使其形成涡流，避免在电极处产生气泡。

（6）水样中盐类含量过高时，影响测定结果。必要时，应在标准溶液中加入相同量的盐类以消除误差。

2.3　实验三　芳名湖水亚硝酸氮的测定
 （盐酸 α-萘胺比色法）

一、实验目的

（1）了解水中亚硝酸氮测定的意义。

（2）掌握水中亚硝酸氮的测定方法及原理。

二、实验原理

在 pH 为 2.0～2.5 时，水中亚硝酸盐与对氨基苯磺酸生成重氮盐，当与盐酸 α-萘胺发生偶联后生成红色染料时，其色度与亚硝酸盐含量成正比。

三、实验仪器与试剂

（1）高锰酸钾晶体。

（2）氢氧化钙、氢氧化钡、氢氧化铝悬浮液。

（3）亚硝酸盐氮 1 μg/mL 标准溶液。

（4）对氨基苯磺酸。

（5）乙酸钠溶液、盐酸 α-萘胺溶液。

（6）比色管。

四、实验步骤

(一)制备不含亚硝酸盐的水

在水中加入少许高锰酸钾晶体,再加氢氧化钙或氢氧化钡,使之呈碱性。重蒸馏后,弃去 50 mL 初滤液,收集中间 70% 的无亚硝酸馏分。

(二)水样制备

水样如有颜色和悬浮物,可以每 1000 mL 水样中加入 2 mL 氢氧化铝悬浮液搅拌,静置过滤,弃去 25 mL 初滤液,取 50.00 mL 滤液测定。如亚硝酸盐含量高,可适量少取水样,用无亚硝酸盐的水稀释至 50 mL。如水样清澈可直接取 50 mL。

(三)制备标准系列

取 50 mL 比色管 7 支,分别加入亚硝酸盐氮 1 μg/mL 标准溶液 0 mL、0.50 mL、1.00 mL、2.00 mL、3.00 mL、4.00 mL、5.00 mL,用无氨水稀释至标线。

(四)显色测定

向上述各比色管中分别加入 1.0 mL 对氨基苯磺酸,混匀。2～8 min 后,各加 1.0 mL 乙酸钠溶液及 1.0 mL 盐酸 α-萘胺溶液,摇匀。放置 30 min 后,于波长 520 nm 处用 1 cm 比色皿测定吸光度。绘制标准曲线,查出水样中亚硝酸盐氮的含量。

五、数据处理

按下式计算亚硝酸盐氮:

$$亚硝酸盐氮(N, mg/L) = \frac{测定的亚硝酸盐氮}{水样体积}$$

六、注意事项

亚硝酸盐是含氮化合物分解过程中的中间产物,很不稳定,采样后的水样应尽快分析。

2.4　实验四　芳名湖水硝酸盐氮的测定

水中硝酸盐是在有氧环境下,各种形态的含氮化合物中最稳定的氮化合物,亦是含氮有机物经无机化作用最终阶段的分解产物。亚硝酸盐可经氧化而生成硝酸盐,硝酸盐在无氧环境中,亦可受微生物的作用而还原为亚硝酸盐。

水中硝酸盐氮(NO_3^--N)含量相差悬殊,从数十微克/升至数十毫克/升,清洁的地面水中含量较低,受污染的水体以及一些深层地下水中含量较高。制革废水、酸洗废水、某些生化处理设施的废水和农田排水可含大量的硝酸盐。

摄入硝酸盐后,经肠道中微生物作用转变成亚硝酸盐而出现毒性作用。文献报道当水中硝酸盐氮含量达数十毫克/升时,可致婴儿中毒。

水中硝酸盐的测定方法颇多,常用的有酚二磺酸光度法(检测限 0.02～2 mg/L)、气相分子吸收光谱法(检测限 0.005～10 mg/L)、紫外分光光度法(检测限 0.08～4 mg/L)、镉柱还原法、离子色谱法、戴氏合金还原法和电极法等。

酚二磺酸法测量范围较宽,显色稳定。镉柱还原法适用于测定水中低含量的硝酸盐。戴氏合金还原法对严重污染并带深色的水样最为适用。离子色谱法需有专用仪器,但可同时和其他阴离子联合测定。紫外分光光度法和电极法常作为筛选法。

水样采集后应及时进行测定。必要时,应加硫酸至 pH<2,保存在 4 ℃以下,在 24 h内测定。

本实验在测定水样的基础上,要求学生测定自来水中硝酸盐氮的含量,对实测值和自来水中硝酸盐氮的浓度限值与《地表水环境质量标准》中的硝酸盐氮浓度限值进行比较,从侧面了解饮用水源水、地表水的水质质量要求。

实验要求学生学会使用 Excel、Origin 等绘图软件绘制不同比色皿光程长的标准曲线,同时检验标准曲线的相关系数;在完成实验的同时对各类绘图软件的使用方法有较深入了解。

一、酚二磺酸光度法

(一)概述

1. 方法原理
硝酸盐在无水情况下与酚二磺酸反应,生成硝基二磺酸酚,在碱性溶液中生成黄色化合物,进行定量测定。

2. 干扰
水中含氯化物、亚硝酸盐、铵盐、有机物和碳酸盐时,可产生干扰。含此类物质时,应做适当的前处理。

3. 方法的适用范围
本法运用于测定饮用水、地下水和清洁地面水中的硝酸盐氮。最低检出浓度为0.02 mg/L,测定上限为 2.0 mg/L。

(二)实验仪器

(1)分光光度计。

(2)瓷蒸发皿:75~100 mL。

(三)实验试剂

实验用水应为无硝酸盐水。

(1)酚二磺酸:称取 25 g 苯酚(C_6H_5OH)置于 500 mL 锥形瓶中,加 150 mL 浓硫酸使之溶解,再加 75 mL 发烟硫酸[含 13% 三氧化硫(SO_3)],充分混合。瓶口插一小漏斗,小心置瓶于沸水浴中加热 2 h,得淡棕色稠液,贮于棕色瓶中,密塞保存。

注:①当苯酚色泽变深时,应进行蒸馏精制。②无发烟硫酸时,亦可用浓硫酸代替,但应将在沸水浴中加热时间增加至 6 h。制得的试剂尤其应注意防止吸收空气中的水汽,以免随着硫酸浓度降低影响硝基化反应的进行,使测定结果渐次偏低。

(2)氨水。

(3)硝酸盐标准贮备液:称取 0.7218 g 经 105~110 ℃干燥 2 h 的硝酸钾(KNO_3)溶于水,移入 1000 mL 容量瓶中,稀释至标线,混匀。加 2 mL 三氯甲烷作保存剂,至少可稳定 6 个月。每毫升该标准贮备液含 0.100 mg 硝酸盐氮。

(4)硝酸盐标准使用液:吸取 50.0 mL 硝酸盐标准贮备液,置于蒸发皿内,加 0.1 mol/L氢氧化钠溶液调至 pH 为 8,在水浴上蒸发至干。加 2 mL 酚二磺酸,用玻璃棒研磨蒸发皿内壁,使残渣与试剂充分接触,放置片刻,重复研磨一次,再放置 10 min,加入少量水,移入 50 mL 容量瓶中,稀释至标线,混匀。贮于棕色瓶中,此溶液至少稳定 6 个月。每毫升该标准使用液含 0.010 mg 硝酸盐氮。

注:本标准溶液应同时制备两份,用以检查硝化完全与否。如发现浓度存在差异时,应重新吸取标准贮备液进行制备。

(5)硫酸银溶液:称取 4.397 g 硫酸银(Ag_2SO_4)溶于水,移至 1000 mL 容量瓶中,用水稀释至标线。1.00 mL 此溶液可去除 1.00 mg 氯离子(Cl^-)。

(6)氢氧化铝悬浮液:溶解 125 g 硫酸铝钾[$KAl(SO_4)_2 \cdot 12H_2O$]或硫酸铝铵[$NH_4Al(SO_4)_2 \cdot 12H_2O$]于 1000 mL 水中,加热至 60 ℃,在不断搅拌下,缓慢加入 55 mL氨水,放置约 1 h 后,移入 1000 mL 量筒内,用水反复洗涤沉淀,洗至洗涤液中不含亚硝酸盐为止。澄清后,尽量倾出全部上清液,只留稠的悬浮物,加入 300 mL 水,使用前应振荡均匀。最终得到乳白色氢氧化铝悬浮液,静置后可能出现缓慢沉降,摇晃后恢复均匀。若分散良好,可保持数小时至数天稳定。

(7)高锰酸钾溶液:称取 3.16 g 高锰酸钾溶于水,稀释至 1 L。

(四)实验步骤

1. 校准曲线的绘制

于一组已编好序号的 50 mL 比色管中,按表 4-1 所示用分度吸管加入要求体积的硝酸盐氮标准使用液,加水至约 40 mL,再加 3 mL 氨水使其呈碱性,最后稀释至标线,混匀。在波长 410 nm 处依次选择对应序号的比色皿,以水为参比,测量吸光度。

表 4-1 数据记录

序号	标准液体积/mL		硝酸氮含量/mg	比色皿光程长/mm	吸光度测量值 A
1	0		0	10 或 30	
2	0.10		0.001	30	
3	0.30		0.003	30	
4	0.50		0.005	30	
5	0.70		0.007	30	
6	1.00		0.010	10 或 30	
7	3.00		0.030	10	
8	5.00		0.050	10	
9	7.00		0.070	10	
10	10.00		0.10	10	
11	样品	空白		10 或 30	
12		水样		10 或 30	
13		自来水		10 或 30	

由测得的吸光度值减去对照管的吸光度值,分别绘制不同比色皿光程长的吸光度对硝酸盐氮含量(mg)的校准曲线。

2. 水样测定

标准系列中所用标准使用液体积及数据统计见表 4-1。

(1)干扰的消除:水样混浊和带色时,可取 100 mL 水样于具塞量筒中,加入 2 mL 氢氧化铝悬浮物,密塞振摇,静置数分钟后,过滤,弃去 20 mL 初滤液。

(2)氯离子的去除:取 100 mL 水样移入具塞量筒中,根据已测定的氯离子含量加入相当量的硫酸银溶液,充分混合。在暗处放置 0.5 h 使氯化银沉淀凝聚,然后用慢速滤纸过滤,弃去 20 mL 初滤液。

注:①如不能获得澄清滤液,可将已加硫酸银溶液后的试样在近 80 ℃ 的水浴中加热,并用力振摇,使沉淀充分凝聚,冷却后再进行过滤。②如同时需去除带色物质,则可在加入硫酸银溶液并混匀后,再加入 2 mL 氢氧化铝悬浮液,充分振摇,放置片刻待沉淀后,过滤。

(3)亚硝酸盐的干扰:当亚硝酸盐氮含量超过 0.2 mg/L 时,可取 100 mL 水样,加1 mL 0.5 mol/L 硫酸,混匀后,滴加高锰酸钾溶液至淡红色保持 15 min 不褪色为止,使亚硝酸盐氧化为硝酸盐,最后从硝酸盐氮测定结果中减去亚硝酸盐氮量。

(4)测定:取 50.0 mL 经预处理的水样于蒸发皿中,用 pH 试纸检查,必要时用0.5 mol/L 硫酸或 0.1 mol/L 氢氧化钠溶液调节至微碱性(pH 为 8),置水浴上蒸发至干。加 1.0 mL 酚二磺酸,用玻璃棒研磨,使试剂与蒸发皿内残渣充分接触,放置片刻,再

17

研磨一次,放置 10 min,加入约 10 mL 纯水。

在搅拌下加入 3～4 mL 氨水,使溶液呈现最深的颜色。如有沉淀,需先过滤。将溶液移入 50 mL 比色管中,稀释至标线,混匀。于波长 410 nm 处,选用 10 mm 或 30 mm 比色皿,以纯水为参比,测量吸光度。

注:如吸光度值超出校准曲线范围,可将显色溶液用纯水进行稀释,然后再测量吸光度,计算时乘以稀释倍数。

3. 自来水测定

取 50.0 mL 经预处理的自来水,按以上步骤,进行全程序测定。

4. 空白实验

以纯水代替水样,按相同步骤,进行全程序空白测定。

(五)数据处理

按下式计算硝酸盐氮:

$$硝酸盐氮(N,mg/L)=\frac{m}{V}\times1000$$

式中,m——从标准曲线上查得的硝酸盐氮量,mg;

V——分取水样体积,mL。

去除氯离子的水样,按下式计算:

$$硝酸盐氮(N,mg/L)=\frac{m}{V}\times1000\times\frac{V_1+V_2}{V_1}$$

式中,V_1——水样体积量,mL;

V_2——硫酸银溶液加入量,mL。

二、紫外分光光度法

(一)实验原理

硝酸根离子在紫外区有强烈吸收,在 220 nm 波长处的吸光度可定量测定硝酸盐氮,而其他氮化物在此波长不干扰测定。本法适用于测定自来水、地下水和洁净地面水中的硝酸盐氮,浓度范围为 0.04～0.08 mg/L。

(二)实验仪器

(1)紫外分光光度计。

(2)比色皿。

(三)实验试剂

(1)氢氧化铝悬浮液。

(2)1 mol/L 盐酸溶液。

（3）无氨水。

（4）100 mg/L 硝酸钾标准溶液。

（四）实验步骤

1. 水样

浑浊水样应过滤。如水样有颜色，应在每 100 mL 水样中加入 4 mL 氢氧化铝悬浮液，在锥形瓶中搅拌 5 min 后过滤。取 25 mL 经过滤或脱色的水样于 50 mL 容量瓶中，加入 1 mL 1 mol/L 盐酸溶液，用无氨水稀释至标线。

2. 制备标准系列

将浓度为 100 mg/L 的硝酸钾标准溶液稀释 10 倍后，分别取 1.00 mL、2.00 mL、4.00 mL、10.00 mL、15.00 mL、20.00 mL、40.00 mL 于 50 mL 容量瓶中，先各加入 1 mL 1 mol/L 盐酸溶液，再用无氨水稀释至标线。

3. 比色测定

在波长 220 nm 处，用石英比色皿分别测定标准系列样和水样的吸收度。由标准系列可得到标准曲线，可从标准曲线上查得对应的浓度，此值乘以稀释倍数即得水样中硝酸盐氮值。

若水样中存在有机物对测定有干扰，可同时在波长 275 nm 处测定吸光度，并得到校正吸光度：

$$A_{校} = A_{220\ nm} - A_{275\ nm}$$

（五）数据处理

按下式计算氨氮：

$$氨氮(N, mg/L) = \frac{测定的氨氮量}{水样体积}$$

三、思考题

（1）硝酸盐氮的测定中，哪些步骤较易产生误差？请分析原因。

（2）干扰物质的去除方法是什么？其机理是怎样的？

2.5　实验五　水中氟化物的测定

一、实验目的

（1）掌握用氟离子选择电极法测定水中氟化物的原理和基本操作。

（2）掌握离子活度计或精密 pH 计及氟离子选择电极的使用方法。

（3）了解干扰测定的因素和消除方法。

二、实验原理

氟是人体必需的微量元素之一，缺氟易患龋病，饮用水中氟（F⁻）的适宜质量浓度为 0.5～1.0 mg/L。长期饮用含氟量 1～1.5 mg/L 的水时，易致氟斑牙；水中含氟量高于 4 mg/L 时，会导致氟骨症，因此水中氟化物的含量是衡量水质的重要指标之一。本实验采用氟离子选择电极法来测定游离态氟离子的质量浓度。

氟离子选择电极以氟化镧单晶片（1～2 mm 厚）为传感器，电极内注入一定浓度的氟化钾和氟化钠溶液（内参比溶液），插入覆盖氯化银的银丝作内参比电极。其与含氟待测溶液及外参比电极如饱和甘汞电极构成下列电池：

$$Ag|AgCl|Cl^-(0.33\ mol/L),F^-(0.001\ mol/L)|LaF_3 单晶片 \parallel 待测溶液 \parallel SCE$$

当 F⁻ 浓度为 $10^{-5}～10^{-1}$ mol/L 时，膜电位近似与 $\lg\rho_{F^-}$ 成线性关系，电池电动势 $E=E_0-\dfrac{2.303RT}{F}\lg\rho_{F^-}$，$E$ 与 $\lg\rho_{F^-}$ 成线性关系，用精密 pH 计或毫伏计测量一系列已知浓度氟溶液和水样的 E 值，用标准曲线法即可测定水样的含氟量。

电极不能响应化合态（如沉淀）及络合态氟，因而高价阳离子（如 Al^{3+}、Fe^{3+} 等）干扰测定，一般加络合剂 EDTA、柠檬酸盐等掩蔽之。如果水样中含有氟硼酸盐或污染较重，应预先进行蒸馏。

pH 对测定有影响。pH 低时，有 HF、HF_2^- 形成；pH 高时，LaF_3 单晶片微溶。综合考虑，以 pH 为 5～8 为宜，通常控制 pH 在 5～6。

三、实验仪器与试剂

（一）实验仪器

（1）氟离子选择电极：使用前在去离子水中充分浸泡。

（2）饱和甘汞电极。

（3）精密 pH 计或离子活度计：精确到 0.1 mV。

（4）磁力搅拌器和塑料包裹的搅拌子。

（5）容量瓶：1000 mL、100 mL、50 mL。

（6）移液管或吸量管：10 mL、5 mL。

（7）聚乙烯杯：100 mL。

（二）实验试剂

除另有说明外，所用试剂均为分析纯，所用水为去离子水或无氟蒸馏水。

（1）氟化物标准贮备液：称取 0.2210 g 基准氟化钠（NaF）（预先于 105～110 ℃烘干

2 h 或者于 500～650 ℃烘干约 40 min,冷却),用水溶解后转入 1000 mL 容量瓶中,稀释至标线,摇匀,贮存在聚乙烯瓶中。此溶液每毫升含氟离子 100 μg。

（2）乙酸钠溶液:称取 15 g 乙酸钠(CH₃COONa)溶于水,并稀释至 100 mL。

（3）盐酸:2 mol/L。

（4）总离子强度缓冲剂(TISAB):称取 58.8 g 二水合柠檬酸钠和 85 g 硝酸钠,加水溶解,用盐酸调节 pH 至 5～6,转入 1000 mL 容量瓶中,稀释至标线,摇匀。

四、实验步骤

（一）仪器准备和操作

按照所用测定仪器和电极使用说明书,首先接好线路,将各开关置于"关"的位置;开启电源开关,预热 15 min 以后按说明书要求进行操作。

（二）水样的采集和制备

按要求采集水样,并用聚乙烯瓶保存水样。当水样中含有化合态(如氟硼酸盐)、络合态的氟化物时,应预先蒸馏分离后测定。

（三）氟化物标准溶液的制备

用氟化物标准贮备液、吸量管和 100 mL 容量瓶制备每毫升含氟离子 10 μg 的标准溶液。

（四）标准曲线绘制

分别用吸量管取 1.00 mL、3.00 mL、5.00 mL、10.00 mL、20.00 mL 氟化物标准溶液,置于 5 只 50 mL 容量瓶中,加入 10 mL 总离子强度缓冲剂,用水稀释至标线,摇匀。分别移入 100 mL 聚乙烯杯中,各放入一个搅拌子,按质量浓度由低到高的顺序,依次插入电极,连续搅拌溶液,读取搅拌状态下的稳态电位(E)。在每次测量之前,都要用水将电极冲洗净,并用滤纸吸去水分。在半对数坐标纸上绘制 E-lgρ_{F^-} 标准曲线,质量浓度标于对数分格上,最低质量浓度标于横坐标的起点。

（五）水样测定

用无刻度吸量管吸取适量水样,置于 50 mL 容量瓶中,用乙酸钠溶液或盐酸调节至近中性,加入 10 mL 总离子强度缓冲剂,用水稀释至标线,摇匀。将其移入 100 mL 聚乙烯杯中,放入一个搅拌子,插入电极,连续搅拌溶液,待电位稳定后,在连续搅拌下读取电位(E_x)。在每次测量之前,都要用水充分冲洗电极,并用滤纸吸去水分。

根据测得的电位,由标准曲线上查得溶液氟化物的质量浓度,再根据水样的稀释倍数计算其氟化物含量。计算公式如下:

$$\rho_{F^-} = \frac{\rho_{测} \times 50}{V}$$

式中,ρ_{F^-}——水样中氟离子的质量浓度,mg/L;

$\rho_{测}$——标准曲线查得的氟离子的质量浓度,mg/L;

V——水样体积,mL;

50——水样定容后的体积,mL。

(六)空白实验

用去离子水代替水样,按测定水样的条件和步骤测定电位值,检验去离子水和试剂的纯度,如果测定值不能忽略,应从水样测定结果中减去该值。

当水样组成复杂时,宜采用一次标准加入法,以减小基体的影响。其操作是:先按步骤(五)测定出水样溶液的电位(E_1),然后向水样溶液中加入与其氟含量相近的氟化物标准溶液(体积为水样溶液的 $1/100 \sim 1/10$),在不断搅拌下读取稳定电位(E_2),按下式计算水样中氟化物的含量:

$$\rho_x = \frac{\rho_s V_s}{V_x + V_s}\left(10^{\frac{\Delta E}{S}} - \frac{V_s}{V_x + V_s}\right)^{-1}$$

式中,ρ_x——水样中氟化物(F^-)的质量浓度,mg/L;

V_x——水样体积,mL;

ρ_s——氟化物标准溶液的质量浓度,mg/L;

V_s——加入氟化物标准溶液的体积,mL;

ΔE——等于 $E_1 - E_2$(对阴离子选择电极),其中,E_1 为测得水样溶液的电位,E_2 为水样溶液中加入氟化物标准溶液后测得的电位;

S——氟离子选择电极实测斜率。

如果 $V_s \leqslant V_x$,则上式可简化为

$$\rho_x = \frac{\rho_s V_s}{V_x}\left(10^{\frac{\Delta E}{S}} - 1\right)^{-1}$$

五、结果处理

(1)绘制 $E\text{-}\lg\rho_{F^-}$ 标准曲线。

(2)计算水样中氟化物的含量。

(3)分析测定方法中采取的控制或消除各种干扰因素的措施。

六、思考与讨论

(1)分析影响测定准确度的因素和加入总离子强度缓冲剂的作用。

(2)根据测定结果,分析所测样品受氟污染的程度。

2.6 实验六 水中铜、锌的测定

一、实验目的

(1)掌握原子吸收分光光度计的工作原理和使用方法。
(2)掌握用火焰原子吸收光谱法测定铜、锌的原理和方法。

二、实验原理

某些废水中含有各种价态的金属离子,这些含金属离子的废水进入环境后,能对水、土壤和生态环境造成污染,我国对此类废水中各类金属离子的排放浓度均有严格的限值规定。测定水中金属离子的浓度可以采用多种方法,其中火焰原子吸收光谱法测定废水中金属离子浓度具有干扰少、测定快速的优点。

水样被引入火焰原子化器后,经雾化进入空气-乙炔火焰,在适宜的条件下,锌离子和铜离子被原子化,生成的基态原子能吸收待测元素的特征谱线。铜对 324.7 nm 的光产生共振吸收,锌对 213.8 nm 的光产生共振吸收,其吸光度与浓度的关系在一定范围内服从比尔定律,故采用与标准系列相比较的方法可以测定两种元素在水中的含量。

三、实验仪器与试剂

(一)实验仪器

(1)原子吸收分光光度计。
(2)铜和锌空心阴极灯。

(二)实验试剂

除另有说明外,所用试剂均为分析纯试剂。
(1)硝酸:优级纯。
(2)高氯酸:优级纯。
(3)锌标准贮备液:1 g/L。
(4)铜标准贮备液:1 g/L。
(5)含铜、锌离子的水样。

四、实验步骤

(一)仪器准备

开启原子吸收分光光度计,调整好两种金属的分析线和火焰类型及其他测试条件。

(二)样品预处理

取 100 mL 水样放入 200 mL 烧杯中,加入 5 mL 硝酸,在电热板上加热消解(不要沸腾),蒸至剩余 10 mL 左右,加入 5 mL 硝酸和 2 mL 高氯酸继续消解至剩余 1 mL 左右。若消解不完全,继续加入 5 mL 硝酸和 2 mL 高氯酸,再次蒸至剩余 1 mL 左右。取下冷却,加水溶解残渣,用水定容至 100 mL。

(三)标准溶液配制

(1)铜和锌标准溶液:向 2 只 100 mL 容量瓶中分别移入 10.00 mL 铜标准贮备液和锌标准贮备液,各加入 5 滴 6 mol/L 盐酸,用二次蒸馏水稀释至标线,得到铜和锌标准溶液。

(2)锌标准系列溶液:向 5 只 100 mL 容量瓶中分别移入 0.50 mL、1.00 mL、1.50 mL、2.00 mL、2.50 mL 锌标准溶液,用二次蒸馏水稀释至标线,得到锌标准系列溶液。

(3)铜标准系列溶液:向 5 只 100 mL 容量瓶中分别移入 1.00 mL、2.00 mL、3.00 mL、4.00 mL、5.00 mL 铜标准溶液,用二次蒸馏水稀释至标线,得到铜标准系列溶液。

(四)吸光度测定

(1)将仪器调整到最佳工作状态,首先将铜空心阴极灯置于光路,锌空心阴极灯设为预热状态,点燃火焰。

(2)按照由稀至浓的顺序分别吸喷铜标准系列溶液,记录其吸光度。喷二次蒸馏水洗涤,然后吸入样品溶液,记录其吸光度。

(3)将锌空心阴极灯调入光路,将仪器调为锌的测试参数,按步骤(2)测定锌标准系列溶液和样品溶液的吸光度。

五、数据处理

根据测得的标准系列溶液的吸光度绘制标准曲线或用最小二乘法计算回归方程,根据样品的吸光度分别从各自的标准曲线上查出或用回归方程计算得出样品中铜和锌的含量。

六、思考与讨论

(1)简述原子吸收光谱法的原理和分析过程。

(2)分析影响测定准确度的因素。

(3)分析原子吸收光谱法与分光光度法的相同点和主要区别。

2.7　实验七　水中铬的测定

一、实验目的和要求

(1)掌握用分光光度法测定六价铬和总铬的原理和方法,熟练使用分光光度计。

(2)查阅资料,对比测定铬的各种方法,比较其优、缺点。

二、实验原理

水中铬的测定方法有分光光度法、原子吸收光谱法、ICP-AES法和滴定法。本实验采用分光光度法。其原理是:在酸性溶液中,六价铬与二苯碳酰二肼反应,生成紫红色络合物,其最大吸收波长为540 nm,吸光度与浓度的关系符合比尔定律。如果测定总铬,需先用高锰酸钾将水样中的三价铬氧化为六价铬,再用本法测定。

三、实验仪器与试剂

(一)实验仪器

(1)分光光度计。

(2)比色皿:1 cm、3 cm;具塞比色管:50 mL。

(3)移液管、容量瓶。

(二)实验试剂

除另有说明外,所用试剂均为分析纯试剂。

(1)丙酮。

(2)硫酸:1+1。

(3)磷酸:1+1。

(4)氢氧化锌共沉淀剂:称取七水合硫酸锌($ZnSO_4 \cdot 7H_2O$) 8 g,溶于100 mL水中;

称取氢氧化钠 2.4 g,溶于新煮沸冷却的 120 mL 水中。将以上两溶液混合。

(5)高锰酸钾溶液:40 g/L。

(6)铬标准贮备液:称取于 120 ℃ 干燥 2 h 的重铬酸钾(优级纯)0.2829 g,用水溶解,移入 1000 mL 容量瓶中,用水稀释至标线,摇匀,每毫升铬标准贮备液含 0.100 mg 六价铬。

(7)铬标准使用液:吸取 5.00 mL 铬标准贮备液于 500 mL 容量瓶中,用水稀释至标线,摇匀。每毫升铬标准使用液含 1.00 μg 六价铬。使用当天配制。

(8)尿素溶液:200 g/L。

(9)亚硝酸钠溶液:20 g/L。

(10)显色剂(二苯碳酰二肼)溶液:称取二苯碳酰二肼($C_{13}H_4N_4O$,简称 DPC)0.2 g,溶于 50 mL 丙酮中,加水稀释至 100 mL,摇匀,贮于棕色瓶内,置于冰箱中保存。颜色变深后不能再用,需重新配制。

(11)浓硝酸、浓硫酸、三氯甲烷。

(12)氨水溶液:1+1。

(13)50 g/L 铜铁试剂:称取铜铁试剂$[C_6H_5N(NO)ONH_4]$ 5 g,溶于冰水中并稀释至 100 mL。临用时现配。

四、实验步骤

(一)水样的预处理

1. 测定六价铬水样的预处理方法

(1)对不含悬浮物、低色度的清洁地表水,可直接进行测定。

(2)如果水样有色但不深,可进行色度校正。取一份水样,加入除显色剂以外的各种试剂,以 2 mL 丙酮代替显色剂,用此溶液作为测定样品溶液吸光度的参比溶液。

(3)对浑浊、色度较深的水样,应加入氢氧化锌共沉淀剂并进行过滤处理。

(4)水样中存在次氯酸盐等氧化性物质时,干扰测定,可加入尿素和亚硝酸钠消除。

(5)水样中存在低价铁、亚硫酸盐、硫化物等还原性物质时,可将 Cr(Ⅵ)还原为 Cr^{3+},此时,调节水样 pH 至 8,加入显色剂溶液,放置 5 min 后再酸化显色,并以同法作标准曲线。

2. 测定总铬水样的预处理方法

(1)一般清洁地表水可直接用高锰酸钾氧化后测定。

(2)对含大量有机物的水样,需进行消解处理。取 50 mL 或适量(含铬少于 50 μg)水样,置于 150 mL 烧杯中,加入 5 mL 硝酸和 3 mL 硫酸,加热蒸发至冒白烟。如溶液仍有色,再加入 5 mL 硝酸,重复上述操作,至溶液清澈。冷却,用水稀释至约 10 mL,再用氨水溶液中和至 pH 为 1~2,移入 50 mL 容量瓶中,用水稀释至标线,摇匀,供测定。

(3)如果水样中铝、钒、铁、铜等含量较大,应先用铜铁试剂和三氯甲烷萃取除去,然后再进行消解处理。

（4）高锰酸钾氧化三价铬：取 50.0 mL 或适量（铬含量少于 50 μg）清洁水样或经预处理的水样（如不足 50.0 mL，用水补充至 50.0 mL）于 150 mL 锥形瓶中，用氨水溶液和硫酸溶液调至中性，加入几粒玻璃珠，加入（1＋1）硫酸和（1＋1）磷酸各 0.5 mL，摇匀。加入 40 g/L 高锰酸钾溶液 2 滴，如紫色消退，则继续滴加高锰酸钾溶液至溶液保持紫色。加热煮沸至溶液剩约 20 mL。冷却后，加入 1 mL 200 g/L 的尿素溶液，摇匀。用滴管加 20 g/L 亚硝酸钠溶液，每加 1 滴充分摇匀，至紫色刚好消失。待溶液内气泡逸尽，将溶液转移至 50 mL 具塞比色管中，稀释至标线，供测定。

（二）标准曲线的绘制

取 9 支 50 mL 具塞比色管，依次加入 0 mL、0.20 mL、0.50 mL、1.00 mL、2.00 mL、4.00 mL、6.00 mL、8.00 mL 和 10.00 mL 铬标准使用液，用水稀释至标线，加入（1＋1）硫酸 0.5 mL 和（1＋1）磷酸各 0.5 mL，摇匀。加入 2 mL 显色剂溶液，摇匀。5～10 min 后，于 540 nm 波长处，用 1 cm 或 3 cm 比色皿，以水为参比，测定吸光度并做空白校正。以吸光度为纵坐标，以六价铬质量为横坐标绘出标准曲线。

（三）水样的测定

取适量（含六价铬少于 50 μg）无色透明或经预处理的水样于 50 mL 具塞比色管中，用水稀释至标线，以下步骤同标准溶液测定。进行空白校正后根据所测吸光度从标准曲线上查得六价铬质量。

（四）数据处理

$$\rho(六价铬,\mathrm{mg/L})=\frac{m}{V}$$

式中，m——从标准曲线上查得的六价铬的质量，μg；

V——水样的体积，mL。

（五）注意事项

（1）用于测定铬的玻璃器皿不应用重铬酸钾洗液洗涤。

（2）六价铬与显色剂的显色反应一般控制酸度在 0.05～0.3 mol/L（$\frac{1}{2}\mathrm{H_2SO_4}$）范围，以 0.2 mol/L 时显色最好。显色前，水样应调至中性。显色温度和时间对显色有影响，在 15 ℃时，5～15 min 颜色即可稳定。

（3）如测定清洁的地表水样，显色剂可按以下方法配制：溶解 0.2 g 二苯碳酰二肼于 100 mL 体积分数 95% 的乙醇中，边搅拌边加入（1＋9）硫酸 400 mL。该溶液在冰箱中可以存放一个月。显色时直接加入此显色剂 2.5 mL 即可，不必再加酸。但加入显色剂后，要立即摇匀，以免六价铬可能被乙醇还原。

五、思考与讨论

(1)影响测定准确度的因素有哪些?

(2)比较各种测定方法的特点。

2.8 实验八 化学需氧量的测定(重铬酸钾法)

一、实验目的

(1)熟练掌握化学需氧量(COD)测定方法及原理。

(2)掌握重铬酸钾法测定 COD 的原理及方法。

二、实验原理

重铬酸钾法测定 COD 的原理是:在强酸性溶液中,用一定量的重铬酸钾氧化水样中的还原性物质,过量的重铬酸钾以试亚铁灵作指示剂用硫酸亚铁铵溶液回滴,根据硫酸亚铁铵的用量算出水样中还原性物质消耗氧的量。

测定结果因加入氧化剂的种类及浓度、反应溶液的酸度、反应温度和时间,以及催化剂的有无而不同,因此,化学需氧量亦是一个条件性指标,其测定必须严格按步骤进行。

酸性重铬酸钾氧化剂氧化性很强,可氧化大部分有机物。加入硫酸银作催化剂时,直链脂肪族化合物可完全被氧化,芳香族有机物却不易被氧化,吡啶不被氧化,挥发性直链脂肪族化合物、苯等有机物因存在于蒸气相,不能与氧化剂液体接触,氧化不明显。氯离子能被重铬酸钾氧化,并且能与硫酸银作用产生沉淀,影响测定结果,故在回流前向水样中加入硫酸汞,使之成为络合物以消除干扰。氯离子含量高于 2000 mg/L 的样品应做定量稀释,使氯离子含量降低至 2000 mg/L 以下,再行测定。

用 0.25 mol/L 的重铬酸钾溶液可测定大于 50 mg/L 的 COD。用 0.025 mol/L 的重铬酸钾溶液可测定 5~50 mg/L 的 COD,但准确度较差。

三、实验仪器与试剂

(一)实验仪器

(1)回流装置:带 250 mL 磨口锥形瓶的回流装置(如取样量在 30 mL 以上,采用 500 mL 的全玻璃回流装置)。

(2)加热装置:电热板或变阻电炉。

(3)酸式滴定管:50 mL。

(二)实验试剂

除另有说明外,所用试剂均为分析纯试剂。

(1)重铬酸钾标准溶液$[c(\frac{1}{6}K_2Cr_2O_7)=0.2500$ mol/L$]$:称取预先在 120 ℃烘干 2 h 的基准或优级纯重铬酸钾 12.258 g 溶于水中,移入 1000 mL 容量瓶,稀释至标线, 摇匀。

(2)试亚铁灵指示剂:称取 1.485 g 一水合邻菲啰啉($C_{12}H_8N_2 \cdot H_2O$)、0.695 g 七水 合硫酸亚铁($FeSO_4 \cdot 7H_2O$)溶于水中,稀释至 100 mL,贮于棕色瓶内。

(3)硫酸亚铁铵标准溶液$\{c[(NH_4)_2Fe(SO_4)_2]=0.1$ mol/L$\}$:称取 39.5 g 六水合硫 酸亚铁铵溶于水中,边搅拌边缓慢加入 20 mL 浓硫酸,冷却后移入 1000 mL 容量瓶中,加 水稀释至标线,摇匀。临用前用重铬酸钾标准溶液标定。

标定方法:准确吸取 10.00 mL 重铬酸钾标准溶液于 500 mL 锥形瓶中,加水稀释至 110 mL 左右,缓慢加入 30 mL 浓硫酸,混匀。冷却后,加入 3 滴试亚铁灵指示剂(约 0.15 mL),用硫酸亚铁铵标准溶液滴定,溶液的颜色由黄色经蓝绿色至红褐色即为终点。

$$c[(NH_4)_2Fe(SO_4)_2]=\frac{0.2500\times10.00}{V}$$

式中,c——硫酸亚铁铵标准溶液的浓度,mol/L;

　　V——硫酸亚铁铵标准溶液的用量,mL;

　　0.2500——重铬酸钾标准溶液浓度,mol/L;

　　10.00——重铬酸钾标准溶液体积,mL。

(4)硫酸-硫酸银溶液:于 2500 mL 浓硫酸中加入 25 g 硫酸银,放置 1～2 d,不时摇动 使其溶解(如无 2500 mL 容器,可在 500 mL 浓硫酸中加入 5 g 硫酸银)。

(5)硫酸汞:结晶或粉末。

四、实验步骤

(1)取 20.00 mL 混合均匀的水样(或适量水样稀释至 20.00 mL)于 250 mL 磨口锥 形瓶中,准确加入 10.00 mL 重铬酸钾标准溶液及数粒小玻璃珠或沸石,连接磨口回流冷 凝管,从冷凝管上口慢慢加入 30 mL 硫酸-硫酸银溶液,轻轻摇动磨口锥形瓶使溶液混 匀,加热回流 2 h(自开始沸腾时计时)。

(2)冷却后,用 90 mL 水冲洗冷凝管壁,取下磨口锥形瓶。溶液总体积不得少于 140 mL,否则因酸度太大,滴定终点不明显。

(3)溶液再度冷却后,加 3 滴试亚铁灵指示剂,用硫酸亚铁铵标准溶液滴定,溶液的颜 色由黄色经蓝绿色至红褐色即为终点,记录硫酸亚铁铵标准溶液的用量。

(4)测定水样的同时,以 20.00 mL 重蒸馏水,按同样操作步骤做空白实验。记录滴定空白溶液时硫酸亚铁铵标准溶液的用量。

五、数据处理

根据测定空白溶液及样品溶液消耗的硫酸亚铁铵标准溶液体积和水样体积按下式计算水样 COD：

$$COD(O_2, mg/L) = \frac{(V_0 - V_1) \times c \times 8 \times 1000}{V}$$

式中，c——硫酸亚铁铵标准溶液的浓度，mol/L；

V_0——滴定空白时硫酸亚铁铵标准溶液的体积，mL；

V_1——滴定水样时硫酸亚铁铵标准溶液的体积，mL；

V——水样的体积，mL；

8——氧($\frac{1}{4}O_2$)的摩尔质量，g/mol。

六、注意事项

(1)0.4 g 硫酸汞络合氯离子的最高量可达 40 mg，如取用 20.00 mL 水样，即最高可络合 2000 mg/L 氯离子的水样。若氯离子浓度较低，亦可少加硫酸汞，使保持 m(硫酸汞)：m(氯离子)＝10：1。若出现少量氯化汞沉淀，并不影响测定。

(2)取水样体积可为 10.00～50.00 mL，但试剂用量及浓度需按表 8-1 进行相应调整，也可得到满意的结果。

表 8-1　取水样体积和试剂用量

取水样 体积/mL	0.2500 mol/L $\frac{1}{6}K_2Cr_2O_7$ 标准溶液体积/mL	H_2SO_4-Ag_2SO_4 溶液体积/mL	$HgSO_4$质量/g	$(NH_4)_2Fe(SO_4)_2$ 标准溶液浓度/ $(mol \cdot L^{-1})$	滴定前 总体积/mL
10.00	5.00	15	0.2	0.0500	70
20.00	10.00	30	0.4	0.1000	140
30.00	15.00	45	0.6	0.1500	210
40.00	20.00	60	0.8	0.2000	280
50.00	25.00	75	1.0	0.2500	350

(3)对于化学需氧量小于 50 mg/L 的水样，应改用 0.0250 mol/L 重铬酸钾标准溶液，回滴时用 0.01 mol/L 硫酸亚铁铵标准溶液。

(4)水样加热回流后，溶液中重铬酸钾剩余量以加入量的 1/5～4/5 为宜。

（5）用邻苯二甲酸氢钾标准溶液检查试剂的质量和操作技术时,由于每克邻苯二甲酸氢钾的理论 COD 为 1.176 g,所以溶解 0.425 g 邻苯二甲酸氢钾（$HOOCC_6H_4COOK$）于重蒸馏水中,转入 1000 mL 容量瓶,用重蒸馏水稀释至标线,使之成为 500 mg/L 的 COD 标准溶液。用时新配。

（6）COD 的测定结果应保留 3 位有效数字。

（7）每次实验时,应对硫酸亚铁铵标准溶液进行标定,室温较高时尤其应注意其浓度的变化。

七、思考与讨论

（1）测定水样时,为什么要做空白校正?

（2）化学需氧量与高锰酸盐指数有什么区别?

2.9　实验九　化学需氧量的测定（库仑滴定法）

一、实验目的

掌握化学需氧量的快速测定方法及原理。

二、实验原理

本方法在经典重铬酸钾-硫酸消解体系中加入助催化剂硫酸铝钾与钼酸铵,同时消解过程是在加压密封下进行的,因此大大缩短了消解时间。消解后测定化学需氧量既可以采用滴定法,亦可采用分光光度法。

本方法可以测定地表水、生活污水、工业废水（包括高盐废水）的化学需氧量。因水样的化学需氧量有高有低,在消解时应选择不同浓度的消解液（参考表 9-1）。

表 9-1　COD 不同的水样选择不同浓度的消解液

COD/(mg/L)	<50	50~1000	1000~2500
消解液中重铬酸钾浓度/(mol/L)	0.05	0.2	0.4

三、实验仪器与试剂

(一)实验仪器

(1)具密封塞的加热管:50 mL。

(2)酸式滴定管:25 mL(或分光光度计)。

(3)恒温定时加热器。

(二)实验试剂

除另有说明外,所用试剂均为分析纯试剂。

(1)重铬酸钾标准溶液[$c(\frac{1}{6}K_2Cr_2O_7)=0.10000$ mo/L]:称取经 120 ℃烘干 2 h 的基准或优级纯 $K_2Cr_2O_7$ 4.903 g,用少量水溶解,移入 1000 mL 容量瓶中,用水稀释至标线,摇匀。

(2)硫酸亚铁铵标准溶液{$c[(NH_4)_2Fe(SO_4)_2]=0.1$ mol/L}:称取 39.5 g $(NH_4)_2Fe(SO_4)_2 \cdot 6H_2O$ 溶解于水中,加入 20.0 mL 浓硫酸,冷却后移入 1000 mL 容量瓶中,用水稀释至标线,临用前用重铬酸钾标准溶液标定。

(3)消解液:称取 19.6 g 重铬酸钾、50.0 g 硫酸铝钾、10.0 g 钼酸铵,溶解于 500 mL 水中,加入 200 mL 浓硫酸,冷却后,转移至 1000 mL 容量瓶中,用水稀释至标线。该溶液重铬酸钾浓度约为 0.4 mol/L[$c(\frac{1}{6}K_2Cr_2O_7)=0.4$ mol/L]。

另外分别称取 9.8 g、2.45 g 重铬酸钾(硫酸铝钾、钼酸铵称取量同上),按上述方法分别配制重铬酸钾浓度约为 0.2 mol/L、0.05 mol/L 的消解液,用于测定不同 COD 的水样。

(4)H_2SO_4-Ag_2SO_4 催化剂溶液:称取 8.8 g 分析纯 Ag_2SO_4,溶解于 1000 mL 浓硫酸中。

(5)试亚铁灵指示剂:称取 0.695 g 分析纯七水合硫酸亚铁($FeSO_4 \cdot 7H_2O$)和 1.485 g 一水合邻菲啰啉溶于水中,稀释至 100 mL,贮于棕色瓶中待用。

(6)掩蔽剂:称取 10.0 g 分析纯 $HgSO_4$,溶解于 100 mL 质量分数 10% 的硫酸中。

四、实验步骤

(1)水样的采集与保存:水样采集后,用硫酸将 pH 调至 2 以下,以抑制微生物活动。样品应尽快分析,必要时可在 4 ℃冷藏保存,并在 48 h 内测定。

(2)测定:准确吸取 3.00 mL 水样,置于 50 mL 具密封塞的加热管中,加入 1 mL 掩蔽剂,混匀。然后加入 3 mL 消解液和 5 mL H_2SO_4-Ag_2SO_4 催化剂溶液,旋紧密封塞,混匀。接通恒温定时加热器电源,待温度达到 165 ℃时,再将加热管放入加热器中,打开计时开关,经 7 min,待液体也达到 165 ℃时,加热器会自动复零计时。加热器工作 15 min 之后会自动报时。取出加热管,冷却后用硫酸亚铁铵标准溶液滴定,同时做空白实验。

五、数据处理

$$\text{COD}(\text{O}_2, \text{mg/L}) = \frac{(V_0 - V_1) \times c \times 8 \times 1000}{V_2}$$

式中,V_0——滴定空白时硫酸亚铁铵标准溶液的体积,mL;

$\quad\quad V_1$——滴定水样时硫酸亚铁铵标准溶液的体积,mL;

$\quad\quad V_2$——水样的体积,mL;

$\quad\quad c$——硫酸亚铁铵标准溶液的浓度,mol/L;

$\quad\quad 8$——氧$(\frac{1}{4}\text{O}_2)$的摩尔质量,g/mol。

六、注意事项

(1)测定高氯水样时,水样取完后,一定要先加掩蔽剂而后再加其他试剂,次序不能颠倒。若出现沉淀,说明掩蔽剂的加入量不够,应适当增加掩蔽剂的加入量。

(2)为了提高分析的精密度与准确度,在分析低 COD 水样时,滴定用的硫酸亚铁铵标准溶液要进行适当的稀释。本分析方法对于 COD 10 mg/L 左右的样品,一般相对标准偏差可保持在 10% 左右;对于 COD 5 mg/L 左右的样品,仍可进行分析测定,但相对标准偏差将会超过 15%。

(3)对 COD 50 mg/L 以上的水样,若经消解后水样为无色,且没有悬浮物时,也可以用分光光度法进行测定,操作更为简单,操作方法如下:

①标准曲线的绘制:称取 0.8502 g 邻苯二甲酸氢钾(基准试剂),用重蒸馏水溶解后,转移至 1000 mL 容量瓶中,用重蒸馏水稀释至标线。此标准贮备液 COD 为 1000 mg/L。分别取上述标准贮备液 5 mL、10 mL、20 mL、40 mL、60 mL、80 mL 于 100 mL 容量瓶中,加水稀释至标线,可得到 COD 分别为 50 mg/L、100 mg/L、200 mg/L、400 mg/L、600 mg/L、800 mg/L 及原液为 1000 mg/L 标准使用液系列,然后按滴定法操作取样并进行消解。消解完毕后,打开加热管的密封塞,用吸量管加入 3.0 mL 蒸馏水,盖好密封塞,摇匀冷却后,将溶液倒入 3 cm 比色皿中(空白按全过程操作),在 600 nm 处以试剂空白为参比,读取吸光度,绘制标准曲线,并求出回归方程。

②样品测定:准确吸取 3.00 mL 水样,置于 50 mL 具密封塞的加热管中,加入 1 mL 掩蔽剂,混匀。然后再加入 3 mL 消解液和 5 mL $\text{H}_2\text{SO}_4\text{-Ag}_2\text{SO}_4$ 催化剂溶液,旋紧密封塞,混匀。将加热管置于加热器中进行消解,消解后的操作与标准曲线绘制操作相同,读取吸光度,按下式计算 COD:

$$\text{COD}(\text{O}_2, \text{mg/L}) = AFK$$

式中,A——样品的吸光度;

F——稀释倍数；

K——标准曲线的斜率，即 $A=1$ 时样品的 COD。

七、思考与讨论

测定化学需氧量的快速消解法与重铬酸钾法有何区别？

2.10 实验十 五日生化需氧量的测定

一、实验目的

(1)掌握用稀释与接种法测定五日生化需氧量（BOD_5）的基本原理和方法。

(2)熟悉溶解氧（DO）的测定方法。

二、实验原理

生化需氧量（BOD）是指在规定条件下,微生物分解存在于水中的某些可氧化物质,特别是有机物所进行的生物化学过程中消耗的溶解氧的量,用以间接表示水中可被微生物降解的有机物的含量,是反映有机物污染的重要类别指标之一。测定 BOD 的方法有稀释与接种法、微生物电极法、活性污泥曝气降解法、库仑滴定法、压差法等。本实验采用稀释与接种法测定 BOD_5。

该方法是将水样充满完全密闭的溶解氧瓶,在（20 ± 1）℃的暗处培养 5 d±4 h 或 $(2+5)$ d±4 h[先在 0～4 ℃暗处培养 2 d,接着在（20 ± 1）℃的暗处培养 5 d,即培养$(2+5)$ d],分别测定培养前后水样中溶解氧的质量浓度,其差值即为所测样品的 BOD_5,以氧的 mg/L 表示。

某些地表水及大多数工业废水,因含有较多的有机物（BOD_5 大于 6 mg/L）,需要稀释后再培养测定,以降低其浓度,并保证水样中有充足的溶解氧。稀释的程度应使培养中所消耗的溶解氧大于 2 mg/L,剩余溶解氧在 2 mg/L 以上。为了保证水样稀释后有足够的溶解氧,稀释水通常要通入空气（或通入氧气）进行曝气,使稀释水中溶解氧接近饱和。稀释水中还应加入一定量的 pH 缓冲溶液和无机营养盐（磷酸盐,钙、镁和铁盐等）,以满足微生物生长的需要。

对于少含或不含微生物的工业废水,包括酸性废水、碱性废水、高温废水或经过氯化处理的废水,在测定 BOD_5 时应进行接种,以引入能分解废水中有机物的微生物。当废水中存在着难以被一般生活污水中的微生物以正常速率降解的有机物或含有剧毒物质时,应将驯化后的微生物引入水样中进行接种。

三、实验仪器与试剂

（一）实验仪器

(1)恒温培养箱:带风扇。

(2)溶解氧瓶:带水封,容积 250～300 mL。

(3)稀释容器:1000～2000 mL 量筒。

(4)冰箱:有冷藏和冷冻功能。

(5)虹吸管:供分取水样和添加稀释水用。

(6)曝气装置:空气应过滤清洗。

(7)滤膜:孔径 1.6 μm。

（二）实验试剂

除另有说明外,所用试剂均为分析纯试剂。

(1) 磷酸盐缓冲溶液:将 8.5 g 磷酸二氢钾（KH_2PO_4）、21.8 g 磷酸氢二钾（K_2HPO_4）、33.4 g 七水合磷酸氢二钠（$Na_2HPO_4 \cdot 7H_2O$）和 1.7 g 氯化铵（NH_4Cl）溶于水中,稀释至 1000 mL。此溶液的 pH 为 7.2。

(2) 硫酸镁溶液:将 22.5 g 七水合硫酸镁（$MgSO_4 \cdot 7H_2O$）溶于水中,稀释至 1000 mL。

(3) 氯化钙溶液:将 27.6 g 无水氯化钙溶于水,稀释至 1000 mL。

(4) 氯化铁溶液:将 0.25 g 六水合氯化铁（$FeCl_3 \cdot 6H_2O$）溶于水,稀释至 1000 mL。

(5) 盐酸(0.5 mol/L):将 40 mL（$\rho=1.18$ g/mL）盐酸溶于水,稀释至 1000 mL。

(6) 氢氧化钠溶液(0.5 mol/L):将 20 g 氢氧化钠溶于水,稀释至 1000 mL。

(7) 亚硫酸钠标准溶液[$c(\frac{1}{2}Na_2SO_3)=0.025$ mol/L]:将 1.575 g 亚硫酸钠溶于水,稀释至 1000 mL。此溶液不稳定,需当天配制。

(8) 葡萄糖-谷氨酸标准溶液:将葡萄糖(优级纯)和谷氨酸(优级纯)在 103 ℃烘干 1 h 后,各称取 150 mg 溶于水中,移入 1000 mL 容量瓶内并稀释至标线,混合均匀,其 BOD_5 为(210±20) mg/L。此标准溶液临用前配制。

(9) 稀释水:在 5～20 L 玻璃瓶内装入一定量的水,控制水温在(20±1) ℃,曝气至少 1 h,使水中的溶解氧接近饱和(8 mg/L 以上),也可以鼓入适量纯氧。瓶口盖以两层经洗涤晾干的纱布,置于 20 ℃恒温培养箱中放置数小时,使水中溶解氧含量达 8 mg/L 左右。临用前于每升水中加入氯化钙溶液、氯化铁溶液、硫酸镁溶液、磷酸盐缓冲溶液各 1.0 mL,并混合均匀。稀释水的 pH 应为 7.2,其 BOD_5 应小于 0.2 mg/L。

(10) 接种液:可选用以下任一方法获得适用的接种液。

①生活污水。一般将生活污水(COD 不大于 300 mg/L,TOC 不大于 100 mg/L)在室温下放置一昼夜,取上层清液供用。

②含生活污水的河水或湖水。

③污水处理厂的出水。

④驯化接种液。当分析含有难降解物质的废水时,在排污口下游3~8 km处取水样作为废水的驯化接种液。也可取中和或经适当稀释后的废水进行连续曝气,每天加入少量该种废水,同时加入适量生活污水,使能适应该种废水的微生物大量繁殖。当水中出现大量絮状物时,表明适用的微生物已进行繁殖,可用作接种液。一般驯化过程需要3~8 d。

(11)接种稀释水:取适量接种液,加于稀释水中,混匀。每升稀释水中接种液加入量为:生活污水1~10 mL,河水湖水10~100 mL。接种稀释水的pH应为7.2,BOD_5应小于1.5 mg/L。接种稀释水配制后应立即使用。

(12)丙烯基硫脲硝化抑制剂:溶解0.2 g丙烯基硫脲($C_4H_8N_2S$)于200 mL水中,4 ℃保存。

四、实验步骤

(一)水样的预处理

(1)水样的pH若不在6~8的范围,可用盐酸或氢氧化钠稀溶液调节。

(2)水样中含有铜、铅、锌、镉、铬、砷、氰等有毒物质时,可使用含驯化接种液的接种稀释水进行稀释,或提高稀释倍数,降低毒物的浓度。

(3)含有少量游离氯的水样,一般放置1~2 h,游离氯即可消散。对于游离氯在短时间不能消散的水样,可加入亚硫酸钠溶液除去游离氯。其加入量的计算方法是:取中和好的水样100 mL,加入(1+1)乙酸10 mL、100 g/L碘化钾溶液1 mL,混匀。以淀粉溶液为指示剂,用亚硫酸钠标准溶液滴定游离碘,根据亚硫酸钠标准溶液消耗的体积及浓度,计算水样中所需加亚硫酸钠溶液的量。

(4)从水温较低的水域或富营养化的湖泊中采集的水样,可能含有过饱和的溶解氧,此时应将水样迅速升温至20 ℃左右,充分振摇,以赶出过饱和的溶解氧。从水温较高的水域或废水排放口取得的水样,则应迅速使其冷却至20 ℃左右,并充分振摇,使之与空气中氧的分压接近平衡。

(5)水样中含有大量藻类时,BOD_5测定结果会偏高,因此要用孔径为1.6 μm的滤膜先过滤水样。

(二)水样的测定

1. 不经稀释水样的测定

溶解氧含量较高、有机物含量较少的地表水,可不经稀释,而直接以虹吸法将(20±2) ℃的混匀水样转移至两个溶解氧瓶内,转移过程中应注意不使其产生气泡。以同样的操作使两个溶解氧瓶充满水样后溢出少许,加塞水封,瓶内不应有气泡。若水样中含有硝化细菌,需在每升水样中加入2 mL丙烯基硫脲硝化抑制剂。立即测定其中一瓶溶解氧。将另一瓶放入恒温培养箱中,在(20±1) ℃培养5 d后,测其溶解氧。

2. 需经稀释水样的测定

若水样中的有机物较多,BOD_5大于 6 mg/L 时应稀释。水样中有足够的微生物,采用稀释法测定,无足够微生物,采用稀释与接种法。

(1)稀释倍数的确定。稀释倍数可根据水样的 TOC、高锰酸盐指数(I_{Mn})或 COD 的测定值由表 10-1 列出的 BOD_5 与上述参数的比值 R 估计样品 BOD_5 的期望值,再根据表 10-2 确定稀释倍数,一个样品做 2～3 个不同倍数稀释。

表 10-1　典型的比值(R)

水样类型	BOD_5/TOC	BOD_5/I_{Mn}	BOD_5/COD
未处理的废水	1.2～2.8	1.2～1.5	0.35～0.65
生化处理的废水	0.3～1.0	0.5～1.2	0.2～0.35

表 10-2　测定不同水样 BOD_5 的稀释倍数

BOD_5 的期望值/(mg/L)	稀释倍数	水样类型
6～20	2	河水,生物净化的生活污水
10～30	5	河水,生物净化的生活污水
20～30	10	生物净化的生活污水
40～120	20	澄清的生活污水或轻度污染的工业废水
100～300	50	轻度污染的工业废水或原生活污水
200～600	100	轻度污染的工业废水或原生活污水
400～1200	200	重度污染的工业废水或原生活污水
1000～3000	500	重度污染的工业废水
2000～6000	1000	重度污染的工业废水

由表 10-1 选择适当的 R 值,按下式计算 BOD_5 的期望值:

$$\rho = R \times Y$$

式中,ρ——BOD_5 的期望值,mg/L;

　　　Y——TOC、I_{Mn} 或 COD,mg/L。

由估算出的 BOD_5 的期望值,按表 10-2 确定稀释倍数。

(2)样品稀释。按照选定的稀释倍数,用虹吸管沿筒壁先引入部分稀释水(或接种稀释水)于 1000 mL 量筒中,加入需要体积的均匀水样,再引入稀释水(或接种稀释水)至刻度,轻轻混匀避免气泡残留。若稀释倍数超过 100 倍,可进行两步或多步稀释。

分析结果精度要求高或样品中存在微生物毒性物质时,应配制几个不同的稀释倍数,选与稀释倍数无关的结果取平均值。

(3)测定。按不经稀释水样的测定步骤,进行装瓶,测定当天溶解氧和培养 5 d 后的溶解氧。

（4）空白样品测定。另取两个溶解氧瓶，用虹吸法装满稀释水（或接种稀释水）作为空白，分别测定 5 d 前后的溶解氧含量。

在 BOD_5 测定中，一般采用叠氮化钠修正法测定溶解氧。如遇干扰物质，应根据具体情况采用其他测定法。溶解氧的测定方法附后。

五、数据处理

不经稀释水样：

$$BOD_5(mg/L) = \rho_1 - \rho_2$$

式中，ρ_1——水样在培养前的溶解氧质量浓度，mg/L；

ρ_2——水样经 5 d 培养后，剩余溶解氧质量浓度，mg/L。

经稀释水样：以表格形式列出稀释水样（或接种稀释水样）和空白样品在培养前后实测溶解氧的质量浓度，然后按下式计算水样 BOD_5：

$$BOD_5(mg/L) = \frac{(\rho_1 - \rho_2) - (\rho_3 - \rho_4)f_1}{f_2}$$

式中，ρ_1——稀释水样（或接种稀释水样）在培养前的溶解氧质量浓度，mg/L；

ρ_2——稀释水样（或接种稀释水样）经 5 d 培养后，剩余溶解氧质量浓度，mg/L；

ρ_3——空白样品在培养前的溶解氧质量浓度，mg/L；

ρ_4——空白样品在培养后的溶解氧质量浓度，mg/L；

f_1——稀释水（或接种稀释水）在培养液中所占比例；

f_2——水样在培养液中所占比例。

六、注意事项

（1）水中有机物的生物氧化过程分为碳化阶段和硝化阶段，测定一般水样的 BOD_5 时，硝化阶段不明显或根本不发生，但对于生物处理的出水，因其中含有大量硝化细菌，因此，在测定 BOD_5 时也包括部分含氮物的需氧量。对于这种水样，如只需测定有机物的需氧量，应加入丙烯基硫脲硝化抑制剂。

（2）在两个或三个稀释倍数的样品中，凡消耗溶解氧大于 2 mg/L 及剩余溶解氧大于 2 mg/L 都有效，计算结果时应取平均值。结果小于 100 mg/L，保留一位小数；结果为 100～1000 mg/L，取整数；结果大于 1000 mg/L，以科学记数法表示。结果还应注明样品是否经过滤、冷冻或均质化处理。

（3）为检查稀释水和接种液的质量，以及实验人员的操作技术，可将 20 mL 葡萄糖-谷氨酸标准溶液用接种稀释水稀释至 1000 mL，测其 BOD_5，其结果应为 180～230 mg/L。否则，应检查接种液、稀释水或操作是否存在问题。

七、思考与讨论

(1)当样品中含有大量硝化细菌时,为什么要加入丙烯基硫脲硝化抑制剂?

(2)根据实际实验条件和操作情况,分析影响测定准确度的因素。

附:碘量法测定溶解氧

一、实验原理

碘量法测定溶解氧的原理是:水样中加入硫酸锰和碱性碘化钾,水中溶解氧将低价锰氧化成高价锰,生成四价锰的氢氧化物棕色沉淀。加酸后,沉淀溶解形成可溶性四价锰 $Mn(SO_4)_2$,$Mn(SO_4)_2$ 与碘离子反应释出与溶解氧量相当的游离碘,以淀粉作指示剂,用硫代硫酸钠滴定释出的碘,可计算溶解氧的含量。

二、实验仪器

(1)溶解氧瓶:250~300 mL。

(2)酸式滴定管。

(3)锥形瓶。

(4)移液管。

三、实验试剂

(1)硫酸锰溶液:称取 480 g 四水合硫酸锰($MnSO_4 \cdot 4H_2O$)溶于水,用水稀释至 1000 mL。此溶液加至酸化过的碘化钾溶液中,遇淀粉不得产生蓝色。

(2)碱性碘化钾-叠氮化钠溶液:称取 500 g 氢氧化钠,溶解于 300~400 mL 水中;称取 150 g 碘化钾,溶于 200 mL 水中;称取 10 g 叠氮化钠,溶于 40 mL 水中。待氢氧化钠冷却后,将上述三种溶液混合,加水稀释至 1000 mL,贮于棕色瓶中,用橡胶塞塞紧,避光保存。

(3)硫酸(标定硫代硫酸钠溶液用):1+5。

(4)10 g/L 淀粉溶液:称取 1 g 可溶性淀粉,用少量水调成糊状,再用刚煮沸的水稀释至 100 mL。冷却后,加入 0.1 g 水杨酸或 0.4 g 氯化锌防腐。

(5)0.0250 mol/L 重铬酸钾($\frac{1}{6}K_2Cr_2O_7$)标准溶液:称取于 105~110 ℃烘干 2 h 并冷却的重铬酸钾(优级纯)1.2258 g,溶于水,移入 1000 mL 容量瓶中,用水稀释至标线,摇匀。

(6)硫代硫酸钠标准溶液:称取 6.2 g 五水合硫代硫酸钠($Na_2S_2O_3 \cdot 5H_2O$)溶于煮沸放冷的水中,加 0.2 g 碳酸钠,用水稀释至 1000 mL,贮于棕色瓶中。使用前用 0.0250 mol/L 重铬酸钾标准溶液标定。

(7)400 g/L 氟化钾溶液:称取 40 g 二水合氟化钾($KF \cdot 2H_2O$)溶于水中,用水稀释至 100 mL,贮于聚乙烯瓶中备用。

四、实验步骤

（1）溶解氧的固定：用吸量管插入溶解氧瓶的液面下加入 1 mL 硫酸锰溶液、2 mL 碱性碘化钾-叠氮化钠溶液，盖好瓶塞，颠倒混合数次，静置。一般在取样现场固定。水样含 Fe^{3+} 在 100 mg/L 以上时干扰测定，需在水样采集后，先用吸量管插入液面下加入 1 mL 400 g/L 氟化钾溶液，再进行后续步骤。

（2）打开瓶塞，立即用吸量管插入液面下加入 2.0 mL 硫酸。盖好瓶塞，颠倒混合摇匀，至沉淀全部溶解，放于暗处静置 5 min。

（3）吸取 100.00 mL 上述溶液于 250 mL 锥形瓶中，用硫代硫酸钠标准溶液滴定至溶液呈淡黄色，加入 1 mL 淀粉溶液，继续滴定至蓝色刚好褪去，记录硫代硫酸钠标准溶液用量。

五、数据处理

用下式计算水样中溶解氧的质量浓度：

$$DO(O_2, mg/L) = \frac{cV \times 8 \times 1000}{100.00}$$

式中，c——硫代硫酸钠标准溶液的浓度，mol/L；

$\quad\quad V$——滴定消耗硫代硫酸钠标准溶液的体积，mL；

$\quad\quad 8$——氧（$\frac{1}{4}O_2$）的摩尔质量，g/mol；

$\quad\quad 100.00$——滴定时取水样溶液的体积，mL。

2.11 实验十一 废水中总有机碳的测定

一、实验目的

（1）掌握总有机碳（TOC）的测定原理和方法。

（2）了解 TOC 测定仪的工作原理和使用方法。

二、实验原理

TOC 是指溶解或悬浮在水中的有机物的含碳量，是以碳的含量表示水体中有机物总量的综合指标。由于 TOC 的测定采用燃烧法，能将有机物全部氧化，它比 BOD 或 COD 更能直接表示有机物的总量，因此常常被用来评价水体中有机物污染的程度。

燃烧氧化-非色散红外吸收法按照测定方式不同可分为差减法和直接法。

（1）差减法：将样品连同净化空气（干燥并除去二氧化碳）分别导入高温燃烧管和低温反应管中，经高温燃烧管的水样受高温催化氧化，使有机物和无机碳酸盐均转化成二氧化碳;经低温反应管的水样受酸化而使无机碳酸盐分解成二氧化碳;所生成的二氧化碳依次引入非色散红外检测器。由于一定波长的红外线可被二氧化碳选择吸收,在一定浓度范围内二氧化碳对红外线吸收的强度与二氧化碳的浓度成正比,故可对水样总碳(TC)和无机碳(IC)进行定量测定。总碳与无机碳的差值,即为总有机碳。

(2)直接法:将水样酸化后曝气,将无机碳酸盐分解生成的二氧化碳去除,再注入高温燃烧管中,可直接测定总有机碳。但由于在曝气过程中会损失可吹扫有机碳(POC),因此其测定结果只是不可吹扫有机碳(NPOC),而不是TOC。

当水中苯、甲苯、环己烷和三氯甲烷等挥发性有机物含量较高时,宜用差减法;当水中挥发性有机物含量较少而无机碳酸盐含量相对较高时,宜用直接法。

三、实验仪器与试剂

(一)实验仪器

(1)TOC测定仪:燃烧氧化-非色散红外吸收法。

(2)微量注射器:50 μL(具刻度)或自动进样装置。

(3)容量瓶 100 mL。

(4)其他实验室常用仪器(移液管等)。

(二)实验试剂

除另有说明外,所用试剂均为分析纯试剂,所用水均为无二氧化碳水。

(1)无二氧化碳水:将重蒸馏水在烧杯中煮沸蒸发(蒸发量10%),冷却后备用。也可使用纯水机制备的纯水或超纯水。临用现制,并经检验TOC不超过0.5 mg/L。

(2)邻苯二甲酸氢钾($KHC_8H_4O_4$):优级纯。

(3)无水碳酸钠(Na_2CO_3):优级纯。

(4)碳酸氢钠($NaHCO_3$):优级纯,存放于干燥器中。

(5)硫酸:密度为1.84 g/mL。

(6)氢氧化钠溶液:10 g/L。

(7)有机碳标准贮备液:TOC=400 mg/L。称取邻苯二甲酸氢钾(预先在110~120 ℃干燥2 h,置于干燥器中冷却至室温)0.8502 g,溶解于水中,移入1000 mL容量瓶中,用水稀释至标线,混匀。在低温(4 ℃)冷藏条件下可保存60 d。

(8)无机碳标准贮备液:IC=400 mg/L。称取碳酸氢钠(预先在干燥器中干燥)1.4000 g和无水碳酸钠(预先在105 ℃干燥至恒重)1.7634 g,溶解于水中,转入1000 mL容量瓶内,稀释至标线,混匀。4 ℃冷藏条件下可保存2周。

(9)差减法标准使用液:TC=200 mg/L,IC=100 mg/L。用单标线吸量管分别吸取50.00 mL有机碳标准贮备液和无机碳标准贮备液于200 mL容量瓶内,用水稀释至标线,混匀。4 ℃冷藏条件下可保存1周。

(10)直接法标准使用液:TOC=100 mg/L。用单标线吸量管吸取50.00 mL有机碳标准贮备液于 200 mL 容量瓶内,用水稀释至标线,混匀。4 ℃冷藏条件下可保存 1 周。

(11)载气:氮气或氧气,纯度大于 99.99%。

四、实验步骤

(一)水样的采集与保存

水样采集后必须贮存于棕色玻璃瓶中。常温下水样可保存 24 h,如不能及时分析,可加硫酸调至 pH 为 2,并在 4 ℃冷藏,则可以保存 7 d。

(二)仪器的调试

按说明书调试 TOC 测定仪,设定测试条件参数(如灵敏度、测量范围、总碳高温燃烧管温度及载气流量等)。

(三)标准曲线的绘制

1. 差减法标准曲线

在 7 个 100 mL 容量瓶中,分别加入 0 mL、2.00 mL、5.00 mL、10.00 mL、20.00 mL、40.00 mL、100.00 mL 标准使用液,用蒸馏水稀释至标线,混匀,配制成总碳质量浓度为 0 mg/L、4.0 mg/L、10.0 mg/L、20.0 mg/L、40.0 mg/L、80.0 mg/L、200.0 mg/L 和无机碳质量浓度为 0.20 mg/L、5.0 mg/L、10.0 mg/L、20.0 mg/L、40.0 mg/L、100.0 mg/L 的标准系列溶液。测定前用氢氧化钠溶液调至中性,取一定体积注入 TOC 测定仪测定,记录相应的响应值,分别绘制总碳和无机碳标准曲线。亦可按线性回归方程的方法,计算出标准曲线的直线回归方程。

2. 直接法标准曲线

在 7 个 100 mL 容量瓶中,分别加入 0 mL、2.00 mL、5.00 mL、10.00 mL、20.00 mL、40.00 mL、100.00 mL 直接法标准使用液,用蒸馏水稀释至标线,混匀。配制成有机碳质量浓度为 0 mg/L、2.0 mg/L、5.0 mg/L、10.0 mg/L、20.0 mg/L、40.0 mg/L、100.0 mg/L 的标准系列溶液。取一定体积酸化至 pH≤2 的样品,注入 TOC 测定仪,经曝气除去无机碳后导入高温氧化炉,记录相应的响应值,绘制有机碳标准曲线。亦可按线性回归方程的方法,计算出标准曲线的直线回归方程。

3. 空白实验

用无二氧化碳水代替水样,按上述步骤测定响应值即为空白值。每次测定前应先检测无二氧化碳水的 TOC,测定值应不超过 0.5 mg/L。

(四)样品测定

1. 干扰消除

水中常见共存离子超过下列含量时,对测定有干扰,应做适当的预处理,以消除对测定的影响:

SO_4^{2-}:400 mg/L;Cl^-:400 mg/L;NO_3^-:100 mg/L;PO_4^{3-}:100 mg/L;S^{2-}:100 mg/L。
可用无二氧化碳水稀释水样至干扰离子低于上述浓度后再进行测定。

水样含大颗粒悬浮物时,由于受微量注射器针孔的限制,测定结果往往不包括全部颗粒态有机碳。

2. 水样测定

(1)差减法:经酸化的水样,在测定前应以氢氧化钠溶液中和至中性,用 50 μL 微量注射器分别准确吸取一定体积混匀的水样,依次注入总碳高温燃烧管和无机碳低温反应管,记录仪器的响应值。

(2)直接法:将一定体积用硫酸酸化至 pH≤2 的水样注入 TOC 测定仪,曝气除去无机碳后导入高温氧化炉,记录响应值。

五、数据处理

(一)差减法

根据所测样品的响应值,由标准曲线上查得或由标准曲线回归方程算得总碳(TC,mg/L)和无机碳(IC,mg/L)的质量浓度,总碳与无机碳质量浓度之差即为样品总有机碳(TOC,mg/L)的质量浓度:

$$TOC(mg/L) = TC(mg/L) - IC(mg/L)$$

(二)直接法

根据所测样品的响应值,从标准曲线上查得或由标准曲线回归方程算得总有机碳(TOC,mg/L)的质量浓度。

当测定结果小于 100 mg/L 时,其结果保留 1 位小数;大于等于 100 mg/L 时,结果保留 3 位有效数字。

六、注意事项

按仪器说明书规定,定期更换二氧化碳吸收剂、高温燃烧管中的催化剂和低温反应管中的分解剂等。

七、思考与讨论

(1)说明为什么测定 TOC 所用试剂必须用无二氧化碳水配制。

(2)说明什么水样需用差减法测定,什么水样又应该用直接法测定。为什么?

2.12 实验十二 水中挥发酚的测定

一、实验目的

(1)掌握用蒸馏法预处理水样的方法和用分光光度法测定挥发酚的实验技术。

(2)掌握测定方法原理,分析影响实验测定准确度的因素。

二、实验原理

挥发酚指能随水蒸气蒸馏出并能和 4-氨基安替比林反应生成有色化合物的挥发性酚类化合物,结果以苯酚计。挥发酚属高毒物质,生活饮用水和 I、Ⅱ 类地表水水质限值均为 0.002 mg/L,污水中最高允许排放质量浓度为 0.5 mg/L(一、二级标准)。测定挥发酚的方法有 4-氨基安替比林分光光度法、溴化滴定法、气相色谱法等。

本实验采用 4-氨基安替比林分光光度法测定废水中的挥发酚。其测定原理是:被蒸出的酚类化合物,于 pH 为 10.0 ± 0.2 的介质中,在铁氰化钾存在下,与 4-氨基安替比林反应生成橙红色的吲哚酚安替比林染料,显色后,在 30 min 内,于 510 nm 波长下测定吸光度,用标准曲线法定量。

三、实验仪器与试剂

(一)实验仪器

(1)全玻璃蒸馏器:500 mL。

(2)具塞比色管:50 mL。

(3)分光光度计。

(二)实验试剂

除另有说明外,所用试剂均为分析纯试剂。

(1)无酚水:于 1 L 水中加入 0.2 g 经 200 ℃活化 0.5 h 的活性炭粉末,充分振摇后,放置过夜。用双层中速滤纸过滤,滤液贮于硬质玻璃瓶中备用。或加氢氧化钠使水呈强碱性,并滴加高锰酸钾溶液至紫红色,移入蒸馏烧瓶中加热蒸馏,收集馏出液备用。

(2)硫酸铜溶液:称取 50 g 五水合硫酸铜($CuSO_4 \cdot 5H_2O$)溶于水,稀释至 500 mL。

(3)磷酸:$1+9$。

(4)甲基橙指示剂:称取 0.05 g 甲基橙溶于 100 mL 水中。

(5)苯酚标准贮备液:称取 1.00 g 无色苯酚溶于水,移入 1000 mL 容量瓶中,稀释至标线,置于冰箱中备用。该溶液按下述方法标定。

吸取 10.00 mL 苯酚标准贮备液于 250 mL 碘量瓶中,加 100 mL 水和 10.00 mL 0.1 mol/L溴酸钾-溴化钾标准参考溶液,立即加入 5 mL 浓盐酸,盖好瓶塞,轻轻摇匀,于暗处放置 15 min。加入 1 g 碘化钾,密塞,轻轻摇匀,于暗处放置 5 min 后,用 0.0125 mol/L 硫代硫酸钠标准溶液滴定至淡黄色,加 1 mL 淀粉溶液,继续滴定至蓝色刚好褪去,记录用量。以水代替苯酚标准贮备液做空白实验,记录硫代硫酸钠标准溶液用量。苯酚标准贮备液质量浓度按下式计算:

$$\rho(苯酚,mg/L) = \frac{(V_1 - V_2) \cdot c \times 15.68}{V}$$

式中,V_1——空白实验消耗硫代硫酸钠标准溶液体积,mL;

V_2——滴定苯酚标准贮备液时消耗硫代硫酸钠标准溶液体积,mL;

V——取苯酚标准贮备液体积,mL;

c——硫代硫酸钠标准溶液浓度,mol/L;

15.68——苯酚($\frac{1}{6}$ C$_6$H$_5$OH)的摩尔质量,g/mol。

(6)苯酚标准中间液:取适量苯酚标准贮备液,用水稀释至每毫升含 0.010 mg 苯酚。使用时当天配制。

(7)溴酸钾-溴化钾标准参考溶液[$c(\frac{1}{6}KBrO_3) = 0.1$ mol/L]:称取 2.784 g 溴酸钾(KBrO$_3$)溶于水,加入 10 g 溴化钾(KBr),使其溶解,移入 1000 mL 容量瓶中,稀释至标线。

(8)碘酸钾标准溶液[$c(\frac{1}{6}KIO_3) = 0.0250$ mol/L]:称取预先经 180 ℃ 烘干的碘酸钾 0.8917 g 溶于水,移入 1000 mL 容量瓶中,稀释至标线。

(9)硫代硫酸钠标准溶液[$c(Na_2S_2O_3) \approx 0.0125$ mol/L]:称取 3.1 g 五水合硫代硫酸钠,溶于煮沸放冷的水中,加入 0.2 g 碳酸钠,稀释至 1000 mL,临用前,用下述方法标定。

吸取 20.00 mL 碘酸钾标准溶液于 250 mL 碘量瓶中,加水稀释至 100 mL,加 1 g 碘化钾,再加 5 mL (1+5)硫酸,加塞,轻轻摇匀,暗处放置 5 min,用硫代硫酸钠标准溶液滴定至淡黄色,加 1 mL 淀粉溶液,继续滴定至蓝色刚好褪去为止,记录硫代硫酸钠标准溶液用量。按下式计算硫代硫酸钠标准溶液浓度(mol/L):

$$c(Na_2S_2O_3) = \frac{0.0250 \times V_4}{V_3}$$

式中,V_3——硫代硫酸钠标准溶液消耗体积,mL;

V_4——移取碘酸钾标准溶液体积,mL;

0.0250——碘酸钾标准溶液浓度,mol/L。

(10)淀粉溶液:称取 1 g 可溶性淀粉,用少量水调成糊状,加沸水至 100 mL,冷却,置冰箱内保存。

(11)缓冲溶液:pH＝10.7。称取 20 g 氯化铵(NH_4Cl)溶于 100 mL 氨水中,密塞,置于冰箱中保存。

(12)4-氨基安替比林溶液(20 g/L):称取 4-氨基安替比林($C_{11}H_{13}N_3O$)2 g 溶于水,稀释至 100 mL,置于冰箱内保存,可使用一周。固体试剂易潮解、氧化,宜保存在干燥器中。

(13)铁氰化钾溶液(80 g/L):称取 8 g 铁氰化钾$\{K_3[Fe(CN)_6]\}$溶于水,稀释至 100 mL,置于冰箱内保存,可使用一周。

四、实验步骤

(一)水样预处理

(1)量取 250 mL 水样置于蒸馏烧瓶中,加数粒小玻璃珠以防暴沸,再加二滴甲基橙指示剂,用磷酸调节至 pH 为 4(溶液呈橙红色),加 5.0 mL 硫酸铜溶液(如采样时已加过硫酸铜,则补加适量)。

若加入硫酸铜溶液后产生较多量的黑色硫化铜沉淀,则应摇匀后放置片刻,待沉淀后,再滴加硫酸铜溶液,至不再产生沉淀为止。

(2)连接冷凝器,加热蒸馏,收集馏出液 250 mL 至容量瓶中。

蒸馏过程中,如发现甲基橙的橙红色褪去,应在蒸馏结束后,再加 1 滴甲基橙指示剂。如发现蒸馏后残液不呈酸性,则应重新取样,增加磷酸加入量,进行蒸馏。

(二)标准曲线的绘制

于一组 8 支 50 mL 具塞比色管中,分别加入 0 mL、0.50 mL、1.00 mL、3.00 mL、5.00 mL、7.00 mL、10.00 mL、12.50 mL 苯酚标准中间液,加水至 50 mL 标线。加 0.5 mL 缓冲溶液,混匀,此时 pH 为(10.0±0.2),加 4-氨基安替比林溶液 1.0 mL,混匀。再加 1.0 mL 铁氰化钾溶液,充分混匀,放置 10 min 后立即于 510 nm 波长处,用 20 mm 比色皿,以水为参比,测量吸光度。经空白校正后,绘制吸光度对苯酚质量(mg)的标准曲线,标准曲线回归方程的相关系数应达到 0.999 以上。

(三)水样的测定

分取适量馏出液于 50 mL 具塞比色管中,稀释至 50 mL 标线。用与绘制标准曲线相同的步骤测定吸光度,计算减去空白实验后的吸光度。空白实验是以无酚水代替水样,经蒸馏后,按与水样相同的步骤测定。

五、数据处理

(1)用最小二乘法回归标准曲线的方程,或绘制吸光度-苯酚质量(mg)标准曲线。

(2)按下式计算所取水样中挥发酚含量(以苯酚计,mg/L):

$$\rho(\text{挥发酚},\text{以苯酚计},\text{mg/L}) = \frac{A_s - A_b - a}{b \cdot V} \times 1000$$

式中，A_s、A_b——样品、空白溶液的吸光度；

　　a——标准曲线的截距；

　　b——标准曲线的斜率；

　　V——样品体积，mL。

当计算结果小于 1 mg/L 时，结果保留 3 位小数；大于 1 mg/L 时，结果保留 3 位有效数字。

六、注意事项

(1)若水样含挥发酚质量浓度较高，移取适量水样并稀释至 250 mL 进行蒸馏，则在计算时应乘以稀释倍数。如水样中挥发酚质量浓度低于 0.5 mg/L，应采用 4-氨基安替比林萃取分光光度法。

(2)当水样中含游离氯等氧化剂，以及硫化物、油类、芳香胺类和甲醛、亚硫酸钠等还原剂时，应在蒸馏前先做适当预处理。处理方法参阅 HJ 503—2009《水质挥发酚的测定 4-氨基安替比林分光光度法》。

七、思考与讨论

根据实验情况，分析影响测定结果准确度的因素。

2.13　实验十三　污水中石油类物质的测定

水中的石油类物质来自生活污水和工业废水的污染，其测定方法有重量法、红外分光光度法、非色散红外吸收法、紫外分光光度法等，本实验介绍重量法和紫外分光光度法两种方法。

一、实验目的

(1)掌握重量法和紫外分光光度法测定污水和废水中油类物质的方法，以及方法的适用范围。

(2)掌握重量法和紫外分光光度法测定油类物质的原理。

二、重量法

(一)实验原理

以硫酸酸化水样,用石油醚萃取矿物油,蒸除石油醚后,称其质量。此法测定的是酸化样品中可被石油醚萃取的,且在实验过程中不挥发的物质总量。溶剂蒸除时,轻质油有明显损失。由于石油醚对油有选择性地溶解,因此石油中较重成分可能含有不能被萃取的物质。本方法适于测定含油 10 mg/L 以上的水样。

(二)实验仪器

(1)分析天平。
(2)恒温箱。
(3)恒温水浴锅。
(4)分液漏斗:1000 mL。
(5)干燥器。
(6)中速定性滤纸:直径 11 cm。

(三)实验试剂

除另有说明外,所用试剂均为分析纯试剂。
(1)石油醚:将石油醚(沸程 30~60 ℃)重蒸馏后使用。100 mL 石油醚的蒸干残渣应不大于 0.2 mg。
(2)无水硫酸钠:无水硫酸钠在 300 ℃马弗炉中烘 1 h,冷却后装瓶备用。
(3)硫酸:1+1。
(4)氯化钠。

(四)实验步骤

(1)在采样瓶上作一容量记号(以便测量水样体积)后,将所收集的大约 1 L 已酸化(pH<2)水样全部转移至分液漏斗中,加入氯化钠,其量约为水样量的 8%。用 25 mL 石油醚洗涤采样瓶并转入分液漏斗中,充分振摇 3 min,静置分层后,将水层放入原采样瓶内,石油醚层转入 100 mL 锥形瓶中。用石油醚重复萃取水样两次,每次用量 25 mL,合并 3 次萃取液于锥形瓶中。
(2)向石油醚萃取液中加入适量无水硫酸钠(加入至不再结块为止),加盖后,放置 0.5 h 以上,以便脱水。
(3)用预先以石油醚洗涤过的中速定性滤纸过滤,收集滤液于 100 mL 已烘干至恒重的烧杯中,用少量石油醚洗涤锥形瓶、无水硫酸钠和滤纸,洗涤液并入烧杯中。
(4)将烧杯置于(65±5)℃水浴上,蒸出石油醚,近干后再置于(65±5)℃恒温箱内烘干 1 h,然后放入干燥器中冷却 30 min,称量。

（五）数据处理

$$\rho(油,mg/L)=\frac{(m_1-m_2)\times10^6}{V}$$

式中，m_1——烧杯加油总质量，g；

m_2——烧杯质量，g；

V——水样体积，mL。

（六）注意事项

（1）分液漏斗的旋塞不要涂凡士林。

（2）测定水中石油类时，若含有大量动、植物性油脂，应取内径20 mm、长300 mm、一端呈漏斗状的硬质玻璃管，填装100 mm厚活性层析氧化铝（在150～160 ℃活化4 h，未完全冷却前装好柱），然后用10 mL石油醚清洗。将石油醚萃取液通过层析柱，除去动、植物性油脂，收集流出液于恒重的烧杯中。

（3）采样瓶应为清洁玻璃瓶，用洗涤剂清洗干净（不要用肥皂）。应定容采样，并将水样全部移入分液漏斗测定，以减少油附着于容器壁上引起的误差。

三、紫外分光光度法

（一）实验原理

石油及其产品在紫外光区有特征吸收，带有苯环的芳香族化合物主要吸收波长为250～260 nm，带有共轭双键的化合物主要吸收波长为215～230 nm。一般原油的两个主要吸收波长为225 nm和254 nm。石油产品中，如燃料油、润滑油等的吸收峰与原油相近。因此，波长的选择应视实际情况而定，原油和重质油可选254 nm，而轻质油及炼油厂的油品可选225 nm。

标准油采用受污染地点水样中的石油醚萃取物，如有困难可采用15号机油、20号重柴油或环保部门批准的标准油。

水样加入1～5倍含油量的苯酚，对测定结果无干扰。动、植物性油脂的干扰作用比红外分光光度法小。若用塑料桶采集或保存水样，会使测定结果偏低。

（二）实验仪器

（1）紫外分光光度计：带10 mm石英比色皿。

（2）分液漏斗：1000 mL。

（3）容量瓶：50 mL、100 mL。

（4）玻璃砂芯漏斗：25 mL。

（三）实验试剂

（1）标准油：用经脱芳烃并重蒸馏过的30～60 ℃沸程的石油醚，从待测水样中萃取油品,经无水硫酸钠脱水后过滤。将滤液置于(65±5)℃水浴上蒸出石油醚,然后置于(65±5)℃恒温箱内赶尽残留的石油醚,即得标准油。

(2)标准油贮备液:准确称取标准油0.100 g溶于脱芳烃石油醚中,移入100 mL容量瓶内,稀释至标线,贮于冰箱中。此溶液每毫升含1.00 mg油。

(3)标准油使用液:临用前把上述标准油贮备液用脱芳烃石油醚稀释10倍,此溶液每毫升含0.10 mg油。

(4)无水硫酸钠:在300 ℃下烘1 h,冷却后装瓶备用。

(5)脱芳烃石油醚(60~90 ℃馏分):将60~100目粗孔微球硅胶和70~120目中性层析氧化铝(在150~160 ℃活化4 h)在未完全冷却前装入内径25 mm(其他规格亦可)、高750 mm的玻璃柱中。下层硅胶高600 mm,上面覆盖50 mm厚的氧化铝,将60~90 ℃馏分的石油醚通过此柱以脱除芳烃。收集石油醚于细口瓶中,以水为参比,在225 nm处测定处理过的石油醚,其透光率不应小于80%。

(6)硫酸:1+1。

(7)氯化钠。

(四)实验步骤

(1)标准曲线的绘制:向7个50 mL容量瓶中分别加入0 mL、2.00 mL、4.00 mL、8.00 mL、12.00 mL、20.00 mL和25.00 mL标准油使用液,用脱芳烃石油醚(60~90 ℃馏分)稀释至标线。在选定波长处,用10 mm石英比色皿,以脱芳烃石油醚为参比测定吸光度,经空白校正后,绘制标准曲线。

(2)油类的萃取:

①将已测量体积的水样仔细移入1000 mL分液漏斗中,加入(1+1)硫酸5 mL酸化(若采样时已酸化,则不需加酸)。加入氯化钠,其量约为水量的2%。用20 mL脱芳烃石油醚(60~90 ℃馏分)清洗采样瓶后,移入分液漏斗中。充分振摇3 min,静置使之分层,将水层移入采样瓶内。

②将石油醚萃取液通过内铺约5 mm厚无水硫酸钠层的玻璃砂芯漏斗滤入50 mL容量瓶内。

③用10 mL脱芳烃石油醚洗涤玻璃砂芯漏斗,其洗涤液均收集于同一容量瓶内,并用脱芳烃石油醚稀释至标线。

(3)吸光度测定:在选定的波长处,用10 mm石英比色皿,以脱芳烃石油醚为参比,测定其吸光度。

(4)空白值测定:取与水样相同体积的纯水,按照水样操作步骤制备空白实验溶液,进行空白实验。

(5)由水样测得的吸光度,减去空白实验的吸光度后,从标准曲线上查出相应的油含量。

（五）数据处理

$$\rho(\text{油},\text{mg/L}) = \frac{m \times 1000}{V}$$

式中，m——从标准曲线上查出的相应油的质量，mg；

V——水样体积，mL。

（六）注意事项

（1）不同油品的特征吸收峰不同，如难以确定测定的波长时，可向 50 mL 容量瓶中移入标准油使用液 20～25 mL，用脱芳烃石油醚稀释至标线，在波长 215～300 nm 间，用 10 mm 石英比色皿测得吸收光谱（以吸光度为纵坐标，波长为横坐标的吸光度曲线），得到最大吸收峰的位置，一般为 220～225 nm。

（2）使用的器皿应避免有机物污染。

（3）水样及空白测定所使用的石油醚应为同一批号，否则会由于空白值不同而产生误差。

（4）如石油醚纯度较低，或缺乏脱芳烃条件，亦可采用己烷作萃取剂。把己烷重蒸馏后使用或用水洗涤 3 次，以除去水溶性杂质。以水作参比，于波长 225 nm 处测定，其透光率应大于 80％。

四、思考与讨论

重量法和紫外分光光度法测定水中石油类有何区别与联系？

2.14　实验十四　水中氰化物的测定

一、实验目的

（1）掌握水中氰化物的测定方法和操作技术。
（2）了解水中氰化物的来源及对生物的影响。

二、实验原理

氰化物在水体中存在的形式是多样的，可分为简单氰化物和络合氰化物两种。简单氰化物有 HCN、KCN、NaCN、NH_4CN 等，此类氰化物易溶于水，氰基以 CN^- 和 HCN 的形式存在，二者之比取决于 pH。大多数天然水中，HCN 占优势。络合氰化物常见的有锌氰络合物[Zn(CN)₄]²⁻、镉氰络合物[Cd(CN)₄]²⁻、银氰络合物[Ag(CN)₂]⁻、镍氰络合物[Ni(CN)₄]²⁻、铜氰络合物[Cu(CN)₄]²⁻、钴氰络合物[Co(CN)₆]³⁻和铁氰络合物[Fe(CN)₆]³⁻等,虽然络合氰化物毒性比简单氰化物毒性小,但由于它能分解出简单氰化物,所以仍然有毒。

氰化物属于剧毒物,对人体的毒性主要是与高铁细胞色素氧化酶结合,生成氰化高铁细胞色素氧化酶而使之失去传递氧的功能,引起组织缺氧窒息。

HCN 分子对水生生物有很大毒性。锌氰络合物、镉氰络合物在非常稀的溶液中几乎全部解离,这种溶液在水体 pH 呈中性时,对鱼类有剧毒。虽然络合离子比 HCN 的毒性作用要小很多,但是含有锌氰络合阴离子和镉氰络合阴离子的水溶液对鱼类的剧毒作用主要是由未解离的 HCN 分子毒性造成的。铁氰络合物非常稳定,没有明显毒性,但在稀溶液中,经阳光照射能迅速发生光解反应产生有毒的 HCN。

氰化物主要污染源是电镀、选矿、焦化、小煤气制造、石油化工、有机玻璃合成、杀虫剂制备等工业排放的废水,氰化物可能以 HCN、CN⁻ 和络合氰离子形式存在于水体中。

本实验的原理是水样经蒸馏后,氰化物被吸收在碱溶液中,在弱酸性条件下,用氯胺 T 将氰化物转化为氯化氰,再与异烟酸-吡唑啉酮试剂作用,生成蓝色染料,采用比色法测定其浓度。本方法适用于测定清洁水体及污染水体中游离和部分络合氰的含量,硫离子引起的负干扰及硫氰酸根引起的干扰在水样经蒸馏后可以避免,最低检测量为 0.1 μg。

三、实验仪器与试剂

(一)实验仪器

(1)500 mL 全玻璃蒸馏器。

(2)10 mL 和 50 mL 具塞比色管。

(3)722 型分光光度计。

(二)实验试剂

(1)试银灵指示剂。称取 0.02 g 试银灵(对二甲氨基亚苄基罗丹宁,C₁₂H₁₂N₂OS₂)于 100 mL 丙酮中。

(2)0.1% NaOH 溶液。

(3)1% NaOH 溶液。

(4)2% NaOH 溶液。

(5)0.05%甲基橙指示剂溶液。

(6)15%酒石酸。

(7)10%硝酸锌[Zn(NO₃)₂·6H₂O]溶液。

(8)1%氯胺 T 溶液。称取 1 g 氯胺 T(C₇H₇SO₂·NClNa·3H₂O)溶于 100 mL 蒸馏水中,使用时配制。

(9)异烟酸-吡唑啉酮溶液。

①异烟酸溶液。称取 1.5 g 异烟酸($C_6H_6NO_2$)溶于 24 mL 2%NaOH 溶液中,加水稀释至 100 mL。

②吡唑啉酮溶液。称取 0.25 g 吡唑啉酮(3-甲基-1-苯基-5-吡唑啉酮,$C_{10}H_{10}ON_2$)溶于 20 mL N,N-二甲基甲酰胺[$HCON(CH_3)_2$]。

用前将上述吡唑啉酮和异烟酸溶液按体积比 1:5 混合均匀。

(10)缓冲溶液(pH=7)。称取 34.0 g 无水磷酸二氢钾和 35.5 g 十二水合磷酸氢二钠($Na_2HPO_4 \cdot 12H_2O$)溶于蒸馏水中并定容至 1 L。

(11)0.0100 mol/L $AgNO_3$ 标准溶液。

(12)氰化钾标准溶液。称取 0.25 g 氰化钾溶于 0.1%氢氧化钠溶液中,并用 0.1% 氢氧化钠溶液稀释至 100 mL,摇匀。避光保存于棕色瓶中。

吸取 10.00 mL 氰化钾贮备液于锥形瓶中,加入 50 mL 水和 1 mL 2%氢氧化钠溶液,加入 0.2 mL 试银灵指示剂,用 0.0100 mol/L $AgNO_3$ 滴定到溶液由黄色刚变为橙红色,记录 $AgNO_3$ 溶液用量。同时,另取 10 mL 实验用水代替氰化钾贮备液做空白实验,记录 $AgNO_3$ 溶液用量,氰化钾浓度计算如下:

$$氰化物浓度(mg/mL) = \frac{c \times (V_1 - V_0) \times 52.04}{10.00}$$

式中,c——$AgNO_3$ 标准溶液浓度,mol/L;

$\quad V_1$——滴定氰化钾贮备液时,$AgNO_3$ 标准溶液用量,mL;

$\quad V_0$——空白实验时,$AgNO_3$ 标准溶液用量,mL;

$\quad$ 52.04——氰离子($2CN^-$)的摩尔质量,g/mol;

$\quad$ 10.00——氰化钾贮备液体积,mL。

(13)氰化钾标准中间溶液(CN^- 为 10.00 μg/mL)。按下式计算配制 500 mL 氰化钾中间液所需氰化钾贮备液体积:

$$V = \frac{10.00 \times 500}{T \times 1000}$$

式中,T——1 mL 氰化钾贮备液所含CN^-量,mg。

准确吸取氰化钾贮备液 V(mL)于 500 mL 棕色容量瓶中,用 0.1% NaOH 溶液稀释至标线,摇匀。

(14)氰化钾标准使用液(CN^- 为 1.00 μg/mL)。使用前,吸取氰化钾标准中间液 10.0 mL 于 100 mL 棕色容量瓶中,用 0.1%NaOH 溶液稀释。

四、实验步骤

(一)样品蒸馏

(1)按图 14-1 装置,取 200 mL 水样(氰化物含量超过 200 g 时,可取适量水样,加蒸馏水至 200 mL),置于 500 mL 全玻璃蒸馏器中,放入数粒玻璃珠,加入 10 mL 10%硝酸锌水溶液、7~8 滴甲基橙指示剂溶液,并迅速加入 5 mL 酒石酸溶液,立即盖好瓶塞,使溶液由橙黄色变为红色,迅速进行蒸馏。蒸馏速度控制为 2～3 mL/min,收集蒸馏液于接收容器(容器需有刻度)中,该容器预先加 10 mL 1‰ NaOH 溶液作为吸收液,冷凝管下端必须插入吸收液中,收集蒸馏液至接近 100 mL 时停止,用少量水洗涤馏出液导管,取出接收瓶用水稀释至标线,混合均匀,得到样品蒸馏液。

(2)用实验用水取代水样,按步骤(1)做空白实验,得到空白蒸馏液。

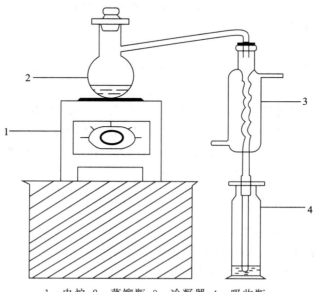

1—电炉;2—蒸馏瓶;3—冷凝器;4—吸收瓶。

图 14-1　氰化物蒸馏

(二)绘制标准曲线

(1)另取 250 mL 具塞比色管 8 支,分别加入氰化物标准溶液 0 mL、0.10 mL、0.25 mL、0.50 mL、1.00 mL、1.50 mL、2.00 mL 及 2.50 mL,加 0.025 mol/L NaOH 溶液至 10 mL。

(2)向各管中加入 5 mL 磷酸盐缓冲液,混匀,迅速加入 0.2 mL 氯胺 T 溶液,立即盖好塞子,混匀,放置 3～5 min。

(3)向管中加 5 mL 异烟酸-吡唑啉酮溶液,混匀,加水稀释至标线,摇匀。在 25～35 ℃水浴中加热 40 min。

(4)用分光光度计,在 638 nm 处用 1 cm 比色皿,零浓度空白管作参比,测定标准溶液和样品的吸光度。

(三)样品测定

分别取 10.00 mL 样品蒸馏液和 10.00 mL 空白蒸馏液,按绘制标准曲线步骤(2)～(4)进行操作,测定吸光度。

五、数据处理

(一)标准曲线的绘制

以标准系列溶液测得的吸光度为纵坐标、相应的溶液浓度为横坐标作图即得标准曲线。

(二)水中氰化物浓度计算

从标准曲线上查出相应的氰化物含量:

$$氰化物浓度(CN^-,mg/L) = \frac{m_a - m_b}{V} \times \frac{V_1}{V_2}$$

式中,m_a——从标准曲线上查出水样蒸馏液的氰化物含量,μg;

$\quad\quad m_b$——从标准曲线上查出空白蒸馏液的氰化物含量,μg;

$\quad\quad V$——原始样品的体积,mL;

$\quad\quad V_1$——水样蒸馏液体积,mL;

$\quad\quad V_2$——比色时所取的水样蒸馏液体积,mL。

六、注意事项

(1)由于氰化物具有很强的毒性,因此在实验过程中要注意安全,实验完成后要认真洗手。

(2)在水样中加入酒石酸和锌盐后蒸馏,简单的氰化物以及很小一部分铁氰络合物等可被蒸出,因此,测定的结果可较好地表示水中氰化物的浓度。

(3)水中氰化物在加酸后生成氰化物,很容易随水蒸气蒸出,故只需收集蒸馏液占水样总体积的1/5~1/3即可获得较好的回收率,但应注意冷凝管下端要插入氢氧化钠吸收液的液面下,使吸收完全。

(4)当水样在酸性蒸馏时,若有较多挥发性酸蒸出,则应增大氢氧化钠浓度。同时,在制作校正曲线时,所有碱液浓度应相同。

(5)pH=7.0缓冲液的比例不同会影响显色时间,其最佳比例如本实验所述。一般显色时温度在20~35 ℃,若实验温度过低,磷酸盐的缓冲液会析出结晶而改变溶液的pH。因此,需在水浴中使结晶溶解,混匀后方可使用。

(6)当氰化物以HCN存在时,容易挥发。因此,在显色过程中加入缓冲液后,每一步骤操作都要迅速,并随时盖紧塞子。

七、思考与讨论

(1)水样的蒸馏为何要在酸性条件下进行?冷凝管的下端为何要浸入NaOH吸收液的液面下?

(2)在整个实验过程中最需要注意的事项是什么?

2.15 实验十五 湖泊(东圳水库)水质监测

水质监测对象广泛,包括环境水体(江、河、湖、海及地下水、水库水、沟渠水等)和水污染源(生活污水、工业废水和医院污水等)。水中污染物的种类繁多,包括化学型污染、物理型污染和生物型污染。因为受到人力物力、经费等各种条件的限制,不可能也没必要对所有项目一一监测,应根据水体的实际情况选择合适的监测项目来反映水体污染的真实水平。

我们以莆田市东圳水库的水质监测为例,介绍地表水环境质量监测方案的制定、水样的采集与保存、水样的预处理、典型监测项目的监测方法、分析测试、数据处理与结果评价以及监测报告的编写等。

一、实验目的

通过对莆田市东圳水库水环境质量进行监测,掌握地表水监测方案的制订方法,熟悉地表水水样的采集与保存技术,掌握水样的预处理方法,掌握电导率、透明度、溶解氧、高锰酸盐指数、氨氮、叶绿素 a、总氮、总磷等代表性水质指标的监测分析技术,学会采用综合营养状态指数法对所获得的数据进行湖泊营养状态评价,了解地表水环境质量监测报告的编写。

二、湖泊水质监测方案的制定

监测方案是监测任务的总体构思和设计,制定时必须首先明确监测目的,然后在调查研究的基础上确定监测对象,设计监测点位,合理安排采样时间和采样频率,选定采样方法和监测方法,提出监测报告要求,制定质量保证程序、措施和方案的实施计划等。其中水质监测点位的布设关系到监测数据是否有代表性、能否真实地反映水体环境质量现状及污染发展趋势。

(一)湖泊资料收集及现场调查

以莆田市东圳水库的水质监测为例,该水库属于人工湖水体,有 4 个入湖水通道和 1 个出湖水通道。

(二)水质监测点位的布设

该湖是莆田市环境保护主管部门纳入常规监测的湖泊之一,由福建省莆田环境监测中心站统一协调其水质监测任务,并具体负责采样监测工作。在目前开展的常规监测中,在出水口布设了一个国控采样点,监测点位置位于水面下 0.5 m。

根据收集的资料和现场调查的信息,为了解入湖水及沿岸主要功能区对湖泊水质的影响,按照进水区、出水区、湖心区、岸边区等水体类别,设置几个监测断面,每个监测断面设置 1 条采样垂线。鉴于湖水深度小于 5 m,在每条采样垂线的水下 0.5 m 处设置采样点。

(三)采样时间与频次

该水库为莆田市重点监测的城市湖泊,国控监测点位每月采样一次,一年 12 次,每月上旬采样。教学实验采样可在开展实验教学的月初进行,获得的监测点的监测数据可以与环境监测中心公布的监测数据进行对比。

(四)水质监测项目的确定与监测方法选择

目前,我国湖库环境质量例行监测的项目为《地表水环境质量标准》(GB 3838—2002)表 1 规定的 24 个基本项目和透明度、电导率、叶绿素 a、水位等指标,水质在线自动监测的项目为水温、pH、溶解氧、电导率、浊度、氨氮、高锰酸盐指数、总有机碳、总氮、总磷和叶绿素 a 等指标。教学实验由于受到实验学时数的限制,重点选择溶解氧、氨氮、高锰酸盐指数、透明度、电导率、化学需氧量、总氮、总磷等指标进行监测。监测方法优先选用国家标准分析方法或行业标准方法。

通过对湖泊中溶解氧、氨氮等代表性水质指标全过程的监测训练,掌握地表水监测方案设计、采样点的布设、样品的采集与保存、样品的预处理、监测方法选择、数据处理及结果评价等技能,进而将这种监测思路推广到地表水其他指标的监测与评价,做到举一反三、触类旁通。

(五)样品采集

根据《国家地表水环境质量监测网监测任务作业指导书(试行)》(环办监测函〔2017〕249 号),样品分类采集要求如图 15-1 所示。

电导率、水温、pH、溶解氧、透明度、盐度等项目为现场监测项目,应按照规范正确开展现场监测。

(六)质量保证与质量控制技术要求

1. 样品采集及管理

(1)根据确定的采样点位监测项目频次、时间和方法进行采样。必要时制定采样计划,内容包括采样时间和路线、采样人员和分工、采样器材、交通工具以及安全保障等。

(2)采样人员应充分了解监测任务的目的和要求,了解监测点位的周边情况,掌握采样方法、监测项目、采样质量保证措施、样品的保存技术等,做好采样前的准备。

(3)采集样品时,应满足相应的规范要求,并对采样准备工作和采样过程进行必要的质量监督。

(4)样品采集过程中,全程序空白和平行双样的采集要覆盖 3 个以上的监测项目,每

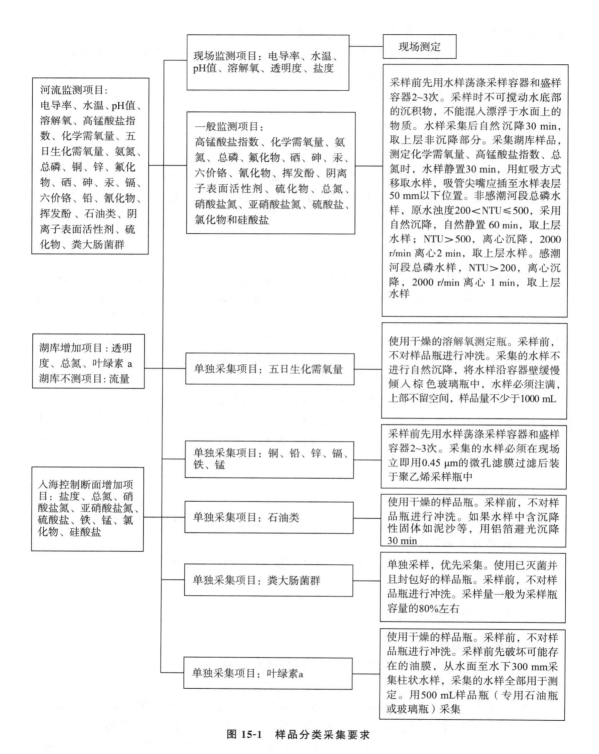

图 15-1 样品分类采集要求

年每个项目必须覆盖一次以上。

（5）样品运输与交接。样品运输过程中应采取适当的措施保证样品性质稳定，避免沾污、损失和丢失。样品接收、核查和发放各环节应受控。样品交接记录、样品标签及包装应完整清晰。若发现样品有异常或处于损坏状态,应如实记录,并尽快采取相关处理补救措施,必要时重新采样。

(6)样品保存。样品应分区存放,并有明显标志,以免混淆。样品保存条件具体参照《国家地表水环境质量监测网监测任务作业指导书(试行)》有关内容。

2. 实验室内部质量控制

(1)应通过实验确定监测方法的实验室检出限,并满足特定分析方法要求。

(2)校准曲线。采用校准曲线法进行定量分析时,仅限在其线性范围内使用。必要时,对校准曲线的相关性、精密度和置信区间进行统计分析,检验斜率、截距和相关系数是否满足标准方法的要求。若不满足,需从分析方法、仪器设备、量器、试剂和操作等方面查找原因,改进后重新绘制校准曲线。对于常用的校准曲线也可采用中间点校正的方法判定校准曲线是否仍能满足要求。校准曲线不得长期使用,不得相互借用。一般情况下,绘制校准曲线应与样品测定同时进行。

(3)空白样品。空白样品包括全程序空白和实验室空白,其测定结果一般应低于方法检出限。每个项目的实验室空白均按照与实际样品一致的分析操作步骤对实验室用纯水进行空白测定,目的在于确认前处理和分析过程中是否存在污染和干扰。每批水样应按照与实际样品一致的程序设置全程序空白样品,目的在于确认采样、保存、运输、前处理和分析的全过程中是否存在污染和干扰。一般情况下,不应从样品测定结果中扣除全程序空白样品的测定结果。

(4)平行样测定。按方法要求随机抽取一定比例的样品做平行样品测定,平行测定的相对偏差应满足分析方法要求。

(5)加标回收率测定。加标回收实验包括空白加标、基体加标及基体加标平行等。空白加标在与样品相同的前处理和测定条件下进行分析。基体加标和基体加标平行是在样品前处理之前加标,加标样品与样品在相同的前处理和测定条件下进行分析。在实际应用时,应注意加标物质的化学组成、形态、加标量和加标的基体状态。加标量一般为样品浓度的 0.5～3 倍,且加标后的总浓度不应超过分析方法的测定上限。样品中待测物浓度在方法检出限附近时,加标量应控制在校准曲线的低浓度范围。加标后样品体积应无显著变化,否则应在计算回收率时考虑这项因素。每批相同基体类型的样品应随机抽取一定比例样品进行加标回收及平行样测定。

(6)方法比对或仪器比对。对同一样品或一组样品可用不同的方法或不同的仪器进行比对测定分析,以检查分析结果的一致性。

3. 实验室外部质量控制

实验室外部质量控制包括质量管理人员根据实际情况设置的密码平行样、密码质量控制样与密码加标样以及人员比对、留样复测等措施。

三、湖泊水质监测实验报告的编写

（一）湖泊水质监测方案的制定

包括基础资料的收集与调查、监测点位的布设、监测项目与监测方法、采样时间与频率、质量保证措施等内容，具体见水质监测方案相关内容。

（二）湖泊水质监测项目的现场采样与监测

包括实验目的、实验原理、实验仪器与材料、样品的采集与保存、样品的测试、实验数据记录与处理等。

（三）湖泊水质监测结果分析与评价

该湖泊水质管理目标为Ⅲ类，将监测结果与《地表水环境质量标准》（GB 3838—2002）规定的标准限值（表15-1）比较，评价该湖泊水质污染状况。

表15-1　湖泊水质监测结果分析与评价

监测点位	pH	透明度/cm	溶解氧/(mg/L)	氨氮/(mg/L)	高锰酸盐指数/(mg/L)	总氮/(mg/L)	总磷/(mg/L)
1#							
2#							
3#							
⋮							
Ⅲ类水体标准值	6～9	100	≥5	1.0	6	1.0	0.05

（四）湖泊富营养化评价

1. 综合营养状态指数法

根据环境保护部发布的《地表水环境质量评价办法（试行）》（环办〔2011〕22号），采用综合营养状态指数法对监测湖水的富营养化状态进行评价。综合营养状态指数计算公式为

$$TLI(\Sigma)=\sum_{j=1}^{m}\left[\omega_j \times TLI(j)\right]$$

式中，$TLI(\Sigma)$——综合营养状态指数；

ω_j——第 j 种参数的营养状态指数的相关权重；

$TLI(j)$——第 j 种参数的营养状态指数。

以叶绿素 a(Chla)作为基准参数,则第 j 种参数的归一化的相关权重计算公式为

$$\omega_j = \frac{r_j^2}{\sum\limits_{j=1}^{m} r_j^2}$$

式中,r_j^2——第 j 种参数与基准参数 Chla 的相关系数;

　　　m——评价参数的个数。

中国湖泊的 Chla 与其他参数之间的相关关系 r_j 及 r_j^2 见表 15-2。

表 15-2　中国湖泊部分参数与 Chla 的相关关系

参数	Chla	TP	TN	SD	I_{Mn}
r_j	1	0.84	0.82	0.83	0.83
r_j^2	1	0.7056	0.6724	0.6889	0.6889

注:引自金相灿等著《中国湖泊环境》,表中 r_j 来源于中国 26 个主要湖泊调查数据的计算结果。

营养状态指数计算公式为:

(1)TLI(Chla)=10(2.5+1.086lnChla)

(2)TLI(TP)=10(9.436+1.624lnTP)

(3)TLI(TN)=10(5.453+1.694lnTN)

(4)TLI(SD)=10(5.118-1.94lnSD)

(5)TLI(I_{Mn})=10(0.109+2.661ln I_{Mn})

式中,Chla 单位为 mg/m^3,透明度 SD 单位为 m,其他指标单位均为 mg/L。

2. 湖泊营养状态分级

采用 0~100 的一系列连续数字对湖泊营养状态进行分级,5 个测定参数的营养状态指数之和与湖泊营养状态等级之间的对应关系列于表 15-3。

表 15-3　湖泊营养状态分级

TLI(Σ)	湖泊营养状态等级
TLI(Σ)<30	贫营养
30≤TLI(Σ)≤50	中营养
TLI(Σ)>50	富营养
50<TLI(Σ)≤60	轻度富营养
60<TLI(Σ)≤70	中度富营养
TLI(Σ)>70	重度富营养

(五)思考与讨论

总结实验心得体会,完成以下思考题:

(1)试分析水样保存的必要性。水样常用的保存方法有哪几种?

（2）用碘量法测定溶解氧时,怎样采集水样？用何种试剂固定水样？

（3）高锰酸盐指数和化学需氧量在应用对象上有何区别？二者在数量上有何关系？

（4）地表水监测中,哪些指标需要在现场测定？

（5）某鱼塘发生大量死鱼事件,疑为水质问题。为了查明原因,试设计一个可行的监测方案。

2.16　实验十六　木兰溪相关河流环境质量基础调查

一、问题提出

木兰溪附近的土地需要开发,由于木兰溪相关河流缺乏水质基础数据,需对这些河流进行环境质量基础调查,作为今后开发的本底资料。

二、组织和分工

基础调查是一项工作量大、涉及面广的工作,需要 10 人左右,成立个小组,讨论分工,形成一个完整的团队。

三、调查方案的制定

（1）现场初步调查。确定调查范围,河流长度,河流的对照断面、控制断面及削减断面点位,并作标记。确定河流两岸控制区域范围,说明理由。

（2）制定监测方案。除常规监测指标（pH、氨氮、硝酸盐、亚硝酸盐、挥发酚、氰化物、砷、汞、六价铬、总硬度、铅、氟、镉、铁、锰、溶解固体物、高锰酸盐指数、硫酸盐、氧化物、大肠菌群,以及反映本地区主要水质问题的其他指标）外,考虑是否需要增加控制指标（与开发地区功能有关）。

（3）河流断面测定。采用低速流速仪,在断面处测定河流的宽度和深度,画出河流断面图。

（4）列出测定深度及点位（事先画好图）及测定流量的方法。测定位置可以在固定的桥上,也可以在船上,如在船上,必须制定固定船位置的方法。

（5）列出采样仪器、设备的清单,并做好准备。

四、实施

按计划和分工实施监测,如现场发现问题,按预案或实际情况进行调整。采样在现场固定,带回实验室及时分析,进行实验室质量控制,整理数据,分析及讨论。

五、报告的编写

按照生态环境部有关要求,编写一份完整的河流环境质量报告书。

第三章　空气和废气监测实验

3.1　实验十七　空气中总悬浮物颗粒物(TSP)的测定(重量法)

总悬浮颗粒物(TSP)是指漂浮于空气中,空气动力学直径小于 $100~\mu m$ 的微小固体颗粒和液体颗粒。它主要来源于燃料燃烧时产生的烟尘、生产加工过程中产生的粉尘、建筑和交通扬尘、风沙扬尘以及气态污染物经过复杂物理化学反应在空气中生成的相应的盐类颗粒。

一、实验目的

(1)了解重量法测定空气中总悬浮颗粒物的原理。
(2)掌握中流量采样方法。
(3)掌握 TSP 的分析和操作方法。

二、实验原理

以恒速抽取一定体积的空气,使之通过采样器中已恒重的滤膜,TSP 会被阻留在滤膜上。根据滤膜采样前后重量差与采样体积,计算出空气中 TSP 的平均浓度。
该法分为大流量采样方法和中流量采样方法。本实验采用中流量采样方法。

三、适用范围

本法适用于空气中总悬浮颗粒物的测定。

四、实验仪器

(1)中流量空气采样器:采样口抽气速度为 0.3 m/s(流量范围为 20~100 L/min)。

（2）电子天平、恒温恒湿箱。

（3）滤膜：超细玻璃纤维滤膜或聚氯乙烯等有机滤膜。

（4）滤膜袋、滤膜保存盒、镊子等。

（5）气压计、温度计。

五、实验步骤

（一）空白滤膜的准备

首先检查滤膜是否有针孔或其他缺陷，然后将滤膜放在恒温恒湿箱，于 15～30 ℃间任意温度、湿度控制在 45％～55％平衡 24 h（记录平衡时的温度和湿度），取出滤膜称量，至恒重 W_1（两次称量之差小于 0.1 mg）。称量好的滤膜平展地放在滤膜保存盒内。

（二）采样

（1）采样前，将滤膜安装于滤料夹之间，毛面向上，将装好滤膜的滤料夹与采样器的尾座旋紧。

（2）记录采样时的大气温度和大气压力。

（3）用中流量空气采样器，以 20～100 L/min 流量采气 1～2 h。

（4）采样结束，打开采样头，用镊子轻轻取下滤膜，采样面向里，将滤膜对折，放入滤膜袋中。

（三）尘膜的称量

将采样后的尘膜置于恒温恒湿箱中，在与空白滤膜相同的温度和湿度条件下平衡 24 h，取出称量，至恒重 W_2（两次称量之差小于 0.1 mg）。

六、实验记录

滤膜准备记录如表 17-1 所示。

表 17-1　滤膜准备记录

滤膜平衡	
温度/℃	湿度/％

采样记录如表 17-2 所示。

表 17-2　采样记录

采样大气温度/℃	采样大气压力/kPa	采样流量/(L/min)	采样时间/min	采样体积/L

样品测定记录如表 17-3 所示。

表 17-3　样品测定记录

1	采样前空白滤膜的重量W_1/g	
2	采样后尘膜的重量W_2/g	

七、数据处理

(1)将采样气体的体积按下式换算成标准状态下的气体体积。

$$V_0 = V_t \cdot \frac{T_0}{273+t} \cdot \frac{p}{p_0}$$

式中,V_0——标准状态下的采样气体体积,L;

　　V_t——采样体积,L,为采样流量(L/min)乘以采样时间(min);

　　p——采样点的大气压力,kPa;

　　t——采样点的气温,℃;

　　p_0——标准状态下的大气压力(101.3 kPa);

　　T_0——标准状态下的绝对温度 273 K。

(2)空气中 TSP 含量的计算。

$$TSP(mg/m^3) = \frac{(W_2 - W_1) \times 10^6}{V_0}$$

式中,W_1——采样前空白滤膜的重量,g;

　　W_2——采样后尘膜的重量,g;

　　V_0——换算成标准状况下的采样体积,L。

3.2　实验十八　空气中一氧化碳的测定

一、实验目的

(1)掌握非色散红外吸收法的原理和测定一氧化碳的技术。

(2)预习关于一氧化碳测定的内容。

二、实验原理

一氧化碳对以 4.5 μm 为中心波段的红外辐射具有选择性吸收,在一定的浓度范围内,其吸光度与一氧化碳浓度成线性关系,故根据气样的吸光度可确定一氧化碳的浓度。

水蒸气、悬浮颗粒物干扰一氧化碳的测定。测定时,气样需经硅胶、无水氯化钙过滤管除去水蒸气,经玻璃纤维滤膜除去悬浮颗粒物。

三、实验仪器与试剂

(一)实验仪器

(1)聚乙烯塑料采气袋、铝箔采气袋或衬铝塑料采气袋。
(2)双连球或小型采气泵。
(3)非色散红外一氧化碳分析仪。
(4)记录仪:0~10 mV。
(5)弹簧夹。
(6)霍加拉特管。

(二)实验试剂

(1)高纯氮气:体积分数 99.99%。
(2)变色硅胶或无水氯化钙。
(3)一氧化碳标准气。

四、实验步骤

(一)采样

用双连球或小型采气泵将现场空气抽入采气袋内,用现场空气洗 3~4 次,采气 500 mL,夹紧进气口。

(二)一氧化碳的测定

(1)启动:将非色散红外一氧化碳分析仪与电源连接,打开电源开关,按照仪器使用说明书的要求预热。
(2)零点调节:将高纯氮气连接在仪器进气口,调节操作板上的零点调节电位器,使仪器指示值为 0,重复 2~3 次。
(3)校准仪器:向仪器通入已知浓度(以体积分数表示)的一氧化碳标准气(指示值为满量程的 60%~80%),待仪器指示值稳定后读数,调节操作板上的灵敏度调节电位器,使仪器指示值与已知标准气浓度相符,重复 2~3 次。
(4)样品测定:抽入待测气体,待仪器指示值稳定后读数,测定出一氧化碳的浓度(以体积分数表示,10^{-6})。

五、数据处理

$$\rho(CO, mg/m^3) = 1.25\varphi$$

式中,φ——非色散红外一氧化碳分析仪指示的空气中一氧化碳的体积分数,10^{-6};

1.25——一氧化碳的体积分数(10^{-6})换算为标准状况下的质量浓度,mg/m^3。

六、注意事项

(1)仪器启动后,必须充分预热,稳定一段时间再进行测定,否则影响测定的准确度。仪器具体操作按仪器使用说明书规定进行。

(2)仪器一般用高纯氮气调零,也可以用经霍加拉特管(加热至 90~100 ℃)净化后的空气调零。

(3)为了确保仪器的灵敏度,在测定时,使空气样品经变色硅胶干燥后再进入仪器,防止水蒸气对测定的影响。

(4)仪器可连续测定。用聚四氟乙烯管将空气连续抽入仪器,接上记录仪,可 24 h 或长时间连续监测空气中一氧化碳浓度的变化情况。

七、思考与讨论

(1)体积分数(10^{-6})和质量浓度(mg/m^3)在定义上有何区别?
(2)一氧化碳还有其他测定的方法吗?

3.3 实验十九 空气中二氧化硫的测定

一、实验目的

(1)掌握甲醛吸收副玫瑰苯胺分光光度法的原理和测定二氧化硫的技术。
(2)掌握测定二氧化硫的实验方案和操作步骤,分析影响测定准确度的因素及控制方法。

二、实验原理

大气中的二氧化硫被甲醛缓冲溶液吸收后,生成稳定的羟基甲基磺酸加成化合物。加入氢氧化钠后使加成化合物分解,释放出二氧化硫,二氧化硫再与盐酸副玫瑰苯胺作用,生成紫红色络合物,用分光光度计在 577 nm 处进行测定。

本方法的主要干扰物为氮氧化物、臭氧及某些重金属元素。可用氨基磺酸钠消除氮氧化物的干扰,采样后放置一段时间可使臭氧自行分解,可用磷酸及环己二胺四乙酸二钠盐消除或减少某些金属离子的干扰。

三、实验仪器与试剂

(一)实验仪器

(1)空气采样器:短时采样的空气采样器,流量为 $0\sim1$ L/min;24 h 连续采样的空气采样器,流量为 $0.2\sim0.3$ L/min。

(2)分光光度计:可见光波长 $380\sim780$ nm。

(3)多孔玻板吸收管:短时采样用 10 mL 的多孔玻板吸收管,24 h 连续采样用 50 mL 的多孔玻板吸收管。

(4)恒温水浴器:广口冷藏瓶内放置圆形比色管架,插一支长约 150 mm、$0\sim40$ ℃的酒精温度计。

(5)具塞比色管:10 mL、50 mL。

(二)实验试剂

(1)实验用蒸馏水:水质应符合实验室用水质量二级水(或三级水)的指标。

(2)环己二胺四乙酸二钠溶液 $[c(\mathrm{Na_2CDTA})=0.050$ mol/L]:称取 1.82 g 反-1,2-环己二胺四乙酸(简称 CDTA),加入 1.50 mol/L 氢氧化钠溶液 6.5 mL,溶解后用水稀释至 100 mL。

(3)甲醛缓冲溶液贮备液:吸取质量分数为 $36\%\sim38\%$ 的甲醛溶液 5.5 mL、0.050 mol/L $\mathrm{Na_2CDTA}$ 溶液 20.0 mL;称取 2.04 g 邻苯二甲酸氢钾,溶解于少量水中;将 3 种溶液合并,用水稀释至 100 mL。若贮于冰箱冷藏,可保存 10 个月。

(4)甲醛缓冲溶液:用水将甲醛缓冲溶液贮备液稀释 100 倍而成,此溶液每毫升含 0.2 mg 甲醛,临用现配。

(5)氢氧化钠溶液:$c(\mathrm{NaOH})=1.50$ mol/L。

(6)氨基磺酸钠溶液(6 g/L):称取 0.60 g 氨基磺酸($\mathrm{H_2NSO_3H}$),加入 1.50 mol/L 氢氧化钠溶液 4.0 mL,搅拌至完全溶解后稀释至 100 mL,摇匀。此溶液密封保存可使用 10 d。

(7)碘贮备液$[c(\frac{1}{2}\mathrm{I_2})=0.10$ mol/L]:称取 12.7 g 碘($\mathrm{I_2}$),加入 40 g 碘化钾和 25 mL 水,搅拌至完全溶解后,用水稀释至 1000 mL,贮于棕色细口瓶中。

(8)碘使用液$[c(\frac{1}{2}\mathrm{I_2})=0.05$ mol/L]:量取碘贮备液 250 mL,用水稀释至 500 mL,贮于棕色细口瓶中。

（9）淀粉溶液（5 g/L）：称取 0.5 g 可溶性淀粉，用少量水调成糊状，慢慢倒入 100 mL 沸水中，继续煮沸至溶液澄清，冷却后贮于试剂瓶中。临用现配。

（10）碘酸钾标准溶液[$c(\frac{1}{6}KIO_3)=0.1000$ mol/L]：称取 3.5667 g 碘酸钾（KIO_3，优级纯，经 110 ℃干燥 2 h）溶解于水，移入 1000 mL 容量瓶中，用水稀释至标线，摇匀。

（11）盐酸：1+9。

（12）硫代硫酸钠贮备液[$c(Na_2S_2O_3)=0.10$ mol/L]：称取 25.0 g 五水合硫代硫酸钠（$Na_2S_2O_3 \cdot 5H_2O$），溶解于 1000 mL 新煮沸并已冷却的水中，加入 0.20 g 无水碳酸钠（Na_2CO_3），贮于棕色细口瓶中，放置 1 周后备用。如溶液呈现浑浊，必须过滤。

（13）硫代硫酸钠标准溶液[$c(Na_2S_2O_3)=0.05$ mol/L]：取 250.0 mL 硫代硫酸钠贮备液，置于 500 mL 容量瓶中，用新煮沸并已冷却的水稀释至标线，摇匀。用碘量法标定其准确浓度。

标定方法：吸取 3 份 0.1000 mol/L 碘酸钾标准溶液 10.00 mL 分别置于 250 mL 碘量瓶中，加入 70 mL 新煮沸并已冷却的水，加入 1 g 碘化钾，摇匀至完全溶解后，加入（1+9）盐酸 10 mL，立即盖好瓶塞，摇匀。于暗处放置 5 min 后，用硫代硫酸钠标准溶液滴定至溶液呈浅黄色，加入 2 mL 淀粉溶液，继续滴定至蓝色刚好褪去即为终点。硫代硫酸钠标准溶液的浓度按下式计算：

$$c=\frac{0.1000\times10.00}{V}$$

式中，c——硫代硫酸钠标准溶液的浓度，mol/L；

V——滴定所消耗硫代硫酸钠标准溶液的体积，mL；

0.1000——碘酸钾标准溶液的浓度，mol/L；

10.00——碘酸钾标准溶液的体积，mL。

（14）乙二胺四乙酸二钠（Na_2EDTA）溶液（0.5 g/L）：称取 0.25 g 二水合 Na_2EDTA（$C_{10}H_{14}N_2O_8Na_2 \cdot 2H_2O$），溶解于 500 mL 新煮沸并已冷却的水中，临用现配。

（15）二氧化硫标准溶液：称取 0.200 g 亚硫酸钠（Na_2SO_3），溶解于 200 mL Na_2EDTA 溶液中，缓缓摇匀以防充氧，使其溶解。放置 2～3 h 后用碘量法标定。此溶液每毫升相当于 320～400 μg 二氧化硫。临用时再将此溶液稀释为每毫升含 1.00 μg 二氧化硫的二氧化硫标准使用液。此溶液在 5 ℃冰箱中保存，可稳定 1 个月。

（16）盐酸副玫瑰苯胺（简称 PRA）贮备液（2 g/L）：称取 0.20 g 经提纯的盐酸副玫瑰苯胺，溶解于 100 mL 1.0 mol/L 的盐酸中。

（17）盐酸副玫瑰苯胺使用液（0.5 g/L）：吸取 2 g/L PRA 贮备液 25.00 mL 于 100 mL 容量瓶中，加入质量分数为 85% 的浓磷酸 30 mL、浓盐酸 12 mL，用水稀释至标线，摇匀。放置过夜后使用，避光密封保存。

四、实验步骤

(一)采样

(1)短时采样:采用内装 10 mL 甲醛缓冲溶液的 U 形多孔玻板吸收管,以 0.5 L/min 的流量采样,采样时甲醛缓冲溶液温度应保持在 23～29 ℃。

(2)24 h 连续采样:用内装 50 mL 甲醛缓冲溶液的多孔玻板吸收管,以 0.2～0.3 L/min 的流量连续采样 24 h,采样时甲醛缓冲溶液温度应保持在 23～29 ℃。

(二)二氧化碳的测定

(1)标准曲线的绘制:取 14 支 10 mL 具塞比色管,分 A、B 两组,每组 7 支分别对应编号,A 组按表 19-1 配制标准系列。

表 19-1　二氧化硫标准系列

管号	0	1	2	3	4	5	6
二氧化硫标准使用液/mL	0	0.50	1.00	2.00	5.00	8.00	10.00
甲醛缓冲溶液/mL	10.00	9.50	9.00	8.00	5.00	2.00	0
二氧化硫含量/μg	0	0.50	1.00	2.00	5.00	8.00	10.00

B 组各管加入 0.5 g/L PRA 使用液 1.00 mL。A 组各管分别加入 6 g/L 氨基磺酸钠溶液 0.5 mL 和 1.50 mol/L 氢氧化钠溶液 0.5 mL,混匀。再逐管迅速将 A 管溶液全部倒入相应编号的 B 管中,立即具塞摇匀后放入恒温水浴器中显色。显色温度与室温之差应不超过 3 ℃,根据不同季节和环境条件按表 19-2 选择显色温度与显色时间。

表 19-2　二氧化硫显色温度与显色时间对照

显色温度/℃	10	15	20	25	30
显色时间/min	40	25	20	15	5
稳定时间/min	35	25	20	15	10
试剂空白吸光度(A_0)	0.030	0.035	0.040	0.050	0.060

在波长 577 nm 处,用 1 cm 比色皿,以水为参比,测定吸光度。以吸光度(扣除试剂空白吸光度)对 SO_2 含量(μg)绘制标准曲线,并计算各点的 SO_2 含量与其吸光度的比值,取各点计算结果的平均值作为计算因子(B_s)。

(2)样品测定:

①短时采样:将多孔玻板吸收管中样品溶液全部移入 10 mL 具塞比色管中,用少量甲醛缓冲溶液洗涤吸收管,倒入比色管中,并用甲醛缓冲溶液稀释至 10 mL 标线。加入 6 g/L 氨基磺酸钠溶液 0.50 mL,摇匀,放置 10 min 以除去氮氧化物的干扰,以下步骤同

标准曲线的绘制。

②24 h 连续采样:将多孔玻板吸收管中样品溶液移入 50 mL 具塞比色管(或容量瓶)中,用少量甲醛缓冲溶液洗涤吸收管,洗涤液并入样品溶液中,再用甲醛缓冲溶液稀释至标线。吸取适量样品溶液(视浓度高低取 2~10 mL)于 10 mL 具塞比色管中,再用甲醛缓冲溶液稀释至标线,加入 6 g/L 氨基磺酸钠溶液 0.50 mL,混匀,放置 10 min 以除去氮氧化物的干扰,以下步骤同标准曲线的绘制。

五、数据处理

按下式计算空气中 SO_2 的质量浓度:

$$\rho(\mathrm{mg/m^3}) = \frac{(A - A_0) \cdot B_s}{V_n}$$

式中,A——样品溶液的吸光度;

A_0——试剂空白溶液的吸光度;

B_s——计算因子,μg;

V_n——换算成标准状况下的采样体积,L。

在测定每批样品时,至少要加入一个已知 SO_2 浓度的控制样品同时测定,以保证计算因子的可靠性。

六、思考与讨论

测定空气中二氧化硫的方法有几种?比较几种方法的特点。

3.4 实验二十 空气中氮氧化物的测定

一、实验目的

(1)掌握盐酸萘乙二胺分光光度法的原理和测定氮氧化物的技术。
(2)掌握测定氮氧化物的实验方案和操作步骤,分析影响测定准确度的因素及控制方法。

二、实验原理

空气中的氮氧化物主要以 NO 和 NO_2 形态存在。测定时将 NO 氧化成 NO_2,用吸收液吸收后,首先生成亚硝酸和硝酸。其中,亚硝酸与对氨基苯磺酸发生重氮化反应,再与

N-(1-萘基)乙二胺盐酸盐作用,生成玫瑰红色偶氮染料,根据颜色深浅采用分光光度法定量。因为 NO_2(气)没有全部转化为 NO_2^-(液),故在计算结果时应除以转换系数(称为 Saltzman 实验系数,用标准气通过实验测定)。

按照氧化 NO 所用氧化剂不同,实验方法分为酸性高锰酸钾法和三氧化铬-石英砂氧化法。本实验采用前一方法。

三、实验仪器与试剂

(一)实验仪器

(1)吸收瓶:内装 10 mL、25 mL 或 50 mL 吸收液的多孔玻板吸收瓶,液柱不低于 80 mm。

(2)氧化瓶:内装 5～10 mL 或 50 mL 酸性高锰酸钾溶液的洗气瓶,液柱不得高于 80 mm。使用后,用盐酸羟胺溶液浸泡洗涤。

(3)空气采样器。

①便携式空气采样器:流量为 0～1 L/min。

②恒温自动连续采样器:流量为 0.2 L/min。

(4)分光光度计。

(二)实验试剂

(1)N-(1-萘基)乙二胺盐酸盐贮备液:称取 0.50 g N-(1-萘基)乙二胺盐酸盐 $[C_{10}H_7NH(CH_2)_2NH_2 \cdot 2HCl]$ 于 500 mL 容量瓶中,用水稀释至标线。此溶液贮于密闭棕色瓶中冷藏,可稳定 3 个月。

(2)显色液:称取 5.0 g 对氨基苯磺酸($NH_2C_6H_4SO_3H$)溶解于 200 mL 热水中,冷却至室温后转移至 1000 mL 容量瓶中,加入 50.0 mL N-(1-萘基)乙二胺盐酸盐贮备液和 50 mL 无水乙酸,用水稀释至标线。此溶液贮于密闭的棕色瓶中,25 ℃以下暗处存放可稳定 3 个月。若溶液呈现淡红色,应重新配制。

(3)吸收液:使用时将显色液和水按体积比 4∶1 混合而成。

(4)亚硝酸钠标准贮备液:称取 0.3750 g 优级纯亚硝酸钠($NaNO_2$,预先在干燥器放置 24 h)溶于水,移入 1000 mL 容量瓶中,用水稀释至标线。此标准贮备液为每毫升含 250 μg NO_2^-,贮于棕色瓶中于暗处存放,可稳定 3 个月。

(5)亚硝酸钠标准使用液:吸取亚硝酸钠标准贮备液 1.00 mL 于 100 mL 容量瓶中,用水稀释至标线。此溶液每毫升含 2.50 μg NO_2^-,在临用前配制。

四、实验步骤

(一)采样

(1)短时间采样(1 h 以内):取两支内装 10.0 mL 吸收液的吸收瓶和一支内装 5～

10 mL 酸性高锰酸钾溶液的氧化瓶(液柱不低于 80 mm),用尽量短的硅橡胶管将氧化瓶串联在两吸收瓶之间,以 0.4 L/min 流量采气 4～24 L。

(2)长时间采样(24 h 以内):取两支大型吸收瓶,装入 5.0 mL 或 50.0 mL 吸收液(液柱不低于 80 mm),标记吸收液液面位置,再取一支内装 50.0 mL 酸性高锰酸钾溶液的氧化瓶,将吸收液恒温在(20±4) ℃,以 0.2 L/min 流量采气 288 L。

(二)氮氧化物的测定

(1)标准曲线的绘制:取 6 支 10 mL 具塞比色管,按表 20-1 配制亚硝酸钠标准系列。

表 20-1 亚硝酸钠标准系列

管号	0	1	2	3	4	5
亚硝酸钠标准使用液/mL	0	0.40	0.80	1.20	1.60	2.00
水/mL	2.00	1.60	1.20	0.80	0.40	0
显色液/mL	8.00	8.00	8.00	8.00	8.00	8.00
NO_2^- 质量浓度/$(\mu g \cdot mL^{-1})$	0	0.10	0.20	0.30	0.40	0.50

各管混匀,于暗处放置 20 min(室温低于 20 ℃时,显色 40 min 以上),用 1 cm 比色皿,在波长 540 nm 处,以水为参比测定吸光度。扣除空白样品的吸光度以后,对应 NO_2^- 质量浓度($\mu g \cdot mL^{-1}$),用最小二乘法计算标准曲线的回归方程。

(2)样品测定:采样后放置 20 min(室温 20 ℃以下放置 40 min 以上),用水将吸收瓶中吸收液的体积补至标线,混匀,按标准曲线的绘制步骤测定样品的吸光度。

(3)空白样品的测定:空白样品、样品和标准曲线应用同一批吸收液。

五、数据处理

$$\rho(NO_2) = \frac{(A_1 - A_0 - a) \cdot V \cdot D}{b \cdot f \cdot V_0}$$

$$\rho(NO) = \frac{(A_2 - A_0 - a) \cdot V \cdot D}{b \cdot f \cdot k \cdot V_0}$$

$$\rho(NO_x) = \rho(NO_2) + \rho(NO)$$

式中,$\rho(NO_2)$、$\rho(NO)$、$\rho(NO_x)$——空气中二氧化氮、一氧化氮和氮氧化物的质量浓度(以 NO_2 计),mg/m³;

A_1、A_2——串联的第一只、第二只吸收瓶中的吸收液采样后的吸光度;

A_0——空白样品溶液的吸光度;

b、a——标准曲线的斜率(mL/μg)、截距;

V、V_0——采样用吸收液体积(mL)、换算为标准状况下的采样体积,L;

k——NO 氧化为 NO_2 的氧化系数(0.68),表征被氧化为 NO_2 且被吸收液吸收生成偶氮染料的 NO 量与通过采样系统的 NO 总量之比;

D——样品吸收液稀释倍数；

f——Saltzman 实验系数(0.88)，当空气中 NO_2 质量浓度高于 0.72 mg/m³ 时为 0.77。

六、思考与讨论

是否可以分别测定一氧化氮和二氧化氮的质量浓度？

3.5 实验二十一 空气中挥发性有机物的测定

一、实验目的

(1)掌握目视比色法、固体吸附-热脱附气相色谱-质谱法的原理和测定挥发性有机物(VOCs)的技术。

(2)掌握测定 VOCs 的实验方案和操作步骤。

二、目视比色法

(一)实验原理

将特定分析试剂加入一定量样品中,通过显色反应而发生相应的颜色变化,将颜色的深浅程度与标准色阶(如比色立体柱、比色盘、比色卡等)相比较得到待测污染物的浓度。

(二)适用范围

本方法优点是操作简便、快速、测定范围宽,适于空气污染应急监测中挥发性有机物的半定量测定;缺点是易受到一定的主观影响而造成较大测定误差。本方法较适于高浓度污染物的测定。

(三)实验步骤

(1)采集一定体积的样品,通入特定分析试剂中。

(2)采样完成后,用反应产生的颜色与标准色阶比较,读出 VOCs 的质量。

(四)数据处理

读取质量后,除以经过温度及压力修正的采样体积,得到标准状况下的质量浓度,计算公式如下:

$$VOCs(mg/m^3)=\frac{m}{V_0}=\frac{m}{V_1}\times\frac{101.325}{p}\times\frac{273+t}{273}$$

式中, m——反应产生的颜色与标准色阶比较得到的质量,mg;

V_1——实际采样体积,m³;

V_0——标准状况下的采样体积,m³;

p—— 测定点大气压,kPa;

t——测定点环境温度,℃;

101.325——标准状况的压力,kPa;

273——标准状况的热力学温度,K。

三、固体吸附-热脱附气相色谱-质谱法

(一)实验原理

本方法使用无油采样器采集空气,使空气通过装有一种或多种固体吸附剂的吸附管(采样管),然后将吸附管放入热脱附进样器中迅速加热,待分析的物质从吸附剂上被脱附后,由载气带入气相色谱的毛细管柱中,经色谱分离后由质谱进行 VOCs 的定性、定量分析。

(二)吸附管的预处理

吸附管应为不锈钢管或玻璃管,管的外径为 6 mm,长度可以根据热脱附仪器的要求而定。

新填装的吸附管使用之前,应加热 2 h 以上,直到无杂质峰产生为止。对使用过的吸附管,使用之前加热老化 30 min。

对于多层吸附剂,常用以下 3 种吸附剂进行组合:

(1)组合 1 吸附管:由 30 mm Tenax® GR 和 25 mm Carbopack™ B 组成,中间用 3 mm 的未硅烷化的玻璃或石英棉隔开,该管适用于 C6~C20 的化合物,在任何湿度下采样体积可达 2 L,对于 C7 以上的化合物采样体积可扩大到 5 L。

(2)组合 2 吸附管:由 35 mm Carbopack™ B 和 10 mm Carbosieve™ SⅢ 及 Carboxen™1000 组成,中间用玻璃或石英棉隔开,适用于 C3~C12 的化合物。在相对湿度低于 65%、温度低于 30 ℃时,可采样 2 L;在相对湿度高于 65%、环境温度高于 30 ℃时,采样体积要降到 0.5 L;对于 C4 以上的化合物,采样体积可增加到 5 L。吸附管中湿度的影响可以通过用干空气吹扫或增大分流比消除。

(3)组合 3 吸附管:由 13 mm Carbopack™ C、25 mm Carbopack™ B 和 13 mm Carbosieve™ SⅢ 或 Carboxen™1000 组成,吸附剂之间用 3 mm 玻璃或石英棉隔开,适用于 C3~C6 的化合物。在相对湿度低于 65%、温度低于 30 ℃时,可采样 2 L;在相对湿度高于 65%、环境温度高于 30 ℃时,采样体积要降到 0.5 L;对于 C4 以上的化合物,采样体积可增加到 5 L。吸附管中湿度的影响可以通过用干空气吹扫或增大分流比消除。

（三）热脱附系统的选择

1. 热脱附进样器的主要类型及优缺点

（1）一级脱附进样器：将吸附管中的有机物加热脱附后，直接由载气带入色谱柱进行分析。这种仪器适用于填充柱或直径≥0.5 mm 的毛细管柱，不适用于细直径的毛细管柱。此类仪器适用于沸点范围窄的样品（如苯系物）分析，由于一级脱附产生宽的色谱峰，因此分离度低，不能用于复杂样品的分离测定。

（2）二级脱附进样器：将一级脱附的 VOCs 重新进行吸附/脱附，然后用载气将分析物质带入色谱柱中进行分离测定。目前较为常用的二级吸附为重新捕获法，即二级吸附仍使用少量吸附剂（20～50 mg），在低温下吸附有机物。该类脱附的方式适用于所有的毛细管柱和填充柱，所得峰宽与用常规进样口进样的结果相似。由于其具有分流作用，可减少水蒸气对分析的影响，常用的电子制冷设备足以对挥发性很大的乙烷、氯乙烯等进行重新捕获。

2. 对热脱附进样器的要求

（1）吸附管两端密封帽的密封性能要好，以防止采样后的吸附管受到实验室内空气的污染和吸附管内弱吸附性物质的损失。

（2）仪器中样品流动所经过的管路尽可能用惰性材料，如去活化的溶硅、玻璃、石英和聚四氟乙烯，这可避免分析物质凝聚、吸附和降解。管路加热要均匀，在吸附管和色谱柱之间温差不能超过 150 ℃。

（3）管路各个接口之间不能漏气。

（4）具有吹扫功能，在环境温度下除去吸附管中的氧。

（四）采样泵的选择和样品的采集

采样泵的采样流量应能达到 10～200 mL/min，最好采用具有恒定质量流量控制的采样泵。采样开始时流量与结束时流量的偏差不应超过 10%。采样泵进行流量校正时，应接上实际采样时所用的吸附管。

采样时如果环境中尘、烟气、气溶胶的浓度高，吸附管入口端应接 Teflon®2 微孔过滤器或接一个金属（玻璃）管，管内塞一些干净的玻璃棉，接头使用聚四氟乙烯（PTFE）材料的短管。

打开吸附管两端的密封帽后，应立即采样，对于使用多层吸附剂的吸附管，吸附管气体入口端应为弱吸附剂，出口端为强吸附剂。对于外径为 6 mm 的吸附管，最佳的采样流量为 50 mL/min，实际推荐的采样流量为 10～200 mL/min，流量超过 200 mL/min 或低于 10 mL/min 将产生较大的误差。采样所需的时间应根据安全采样体积来确定，采集 300 mL 样品每个分析物质的检出限可达到 0.5×10^{-9}。

对于空气环境的监测，典型的采样泵流量及采样时间为：

（1）用 16 mL/min 的流量在 1 h 采集 960 mL 样品。

（2）用 67 mL/min 的流量在 1 h 采集 4020 mL 样品。

（3）用 40 mL/min 的流量在 3 h 采集 7200 mL 样品。

(4)用 10 mL/min 的流量在 3 h 采集 1800 mL 样品。

采集样品时,对同一批吸附管需要测定两个实验室空白,即吸附管老化后放在 4 ℃ 干净的环境中保存,在样品测定之前和样品测定之后分别测定一个实验室空白。每 10 个样品或批样品低于 10 个样品时需要分析一个实验室空白。

样品采集后,吸附管应贮存在低于 4 ℃ 的干净环境中,在 30 d 内分析完毕(含有苎烯、蒈烯、双氯甲基醚及不稳定的含硫和含氮的挥发性有机物,应在 7 d 内分析完毕),采用多层吸附剂进行采样后,除非事先知道贮存不会引起样品明显的损失,否则应尽快进行分析。

(五)样品分析的标准程序

(1)标准物质的准备:挥发性有机物的标准物质可以使用气体标准物质,也可以使用液体标准物质。

①气体标准物质:使用高压罐贮存的气体标准物质,必须符合国家标准,使用国外的标准物质必须符合 NIST/EPA 认证的标准,并且样品必须在有效期内使用。气体标准物质的稀释需要使用动态稀释法。

②液体标准物质:配制挥发性有机物液体标准物质,一般以高纯度的甲醇为溶剂。配制液体标准物质时,分析物质的量应与采样过程中进入吸附管的量在同一数量级。

(2)液体样品加到吸附管的方法:将已老化的吸附管作为色谱柱装到气相色谱的填充柱进样口上,调节载气的流量为 100 mL/min,对于挥发性低于正十二烷的物质,可以用 5~10 μL 的微量注射器直接从未加热的进样口进样;对于挥发性高于正十二烷的物质,将进样口的温度加热到 50 ℃,保证所有的液体全部蒸发。进样后继续通载气,直到溶剂穿过吸附剂而被分析的物质定量保留在吸附剂上,一般需要 5 min。然后拆下吸附管,立即盖上密封帽。如果溶剂不易从吸附剂上穿透,则应尽量减少液体样品的进样量(0.5~1.0 μL)以减少溶剂对色谱的干扰。该方法不适用于使用多层吸附剂或沸点范围很宽的物质的分析。

(3)热脱附进样器的操作:热脱附进样器在工作之前首先检查系统是否漏气,然后根据仪器说明建立热脱附的条件,这些条件包括一级脱附温度、载气的流量(一般在 200~300 ℃ 脱附 5~15 min,载气流量为 30~100 mL/min)、二级脱附温度、一级脱附与二级脱附之间的分流比、二级脱附和毛细管柱之间的分流比。

(4)色谱条件和质谱条件:可以根据需要选择内径 0.25 mm、0.32 mm、0.53 mm 的 30~50 m 的 100% 甲基聚硅氧烷毛细管柱(DB-1)和 5% 苯基与 95% 甲基聚硅氧烷毛细管柱(DB-5),所建立的色谱条件必须能使苯和四氯化碳达到基线分离。下面为 DB-1(柱长 50 m,内径 0.32 mm,膜厚 1 μm)毛细管柱的色谱条件:

①载气:体积分数 99.999% 的氦气,流量 1~3 mL/min;起始柱温 30 ℃,保留时间 2 min;升温速率 8 ℃/min,最后在 200 ℃ 下使所有物质出峰完毕。

②质谱电子能量为 70 eV,质量为 35~300 amu,每个峰至少 10 次扫描,每个扫描不超过 1 s。

③质谱的性能检查:通过 4-溴氟苯进行核对,如果 4-溴氟苯调节的结果不能满足要

求,必须对离子源等进行清洗和维护保养。

④色谱柱条件:起始温度 50 ℃,保留 2 min,以 8 ℃/min 的速率升至 200 ℃,在 200 ℃保留至所有物质出峰完毕。

(5)标准曲线:用气体标准物质向 5 个吸附管中分别加入体积分数为 2×10^{-9}、5×10^{-9}、10×10^{-9}、20×10^{-9}、50×10^{-9} 的气体标准物质,对液体标准物质分别加入 1 ng、5 ng、10 ng、20 ng、50 ng,在最佳的条件下进行热脱附进样测定。有条件最好使用内标法,即向吸附管中加入以甲苯、全氟苯、全氟甲苯作内标物的内标气体。

(6)样品的分析次序。

对于挥发性有机物的 GC-MS 分析,样品的分析顺序为:

①50 ng 4-溴氟苯(BFB)调节仪器。

②绘制标准曲线,标准曲线各点的相对校正因子的 RSD≤25%,相对响应因子(RRF)≥0.010。

③空白分析。

④样品分析。

⑤中间浓度的检验。

(六)数据处理

(1)气体中挥发性有机物质量浓度的计算。

$$\rho=\frac{m}{V_s}$$

式中,ρ——气体中挥发性有机物的质量浓度,$\mu g/m^3$;

m——气体中挥发性有机物的质量,ng;

V_s——标准状况(0 ℃,101.325 kPa)下的采样体积,L。

$$V_s=\frac{pV\times273}{(273+t)\times101.325}$$

式中,V——实际采样体积,L;

p——采样时的大气压,kPa;

t——采样时的温度,℃;

101.325——标准状况的压力,kPa;

273——标准状况的热力学温度,K。

$$RRF=\frac{I_s\times\rho_{is}}{I_{is}\times\rho_s}$$

式中,I_s——目标化合物的峰面积;

ρ_s——目标化合物的质量浓度,$\mu g/mL$;

I_{is}——内标物的峰面积;

ρ_{is}——内标物的质量浓度,$\mu g/mL$。

(2)样品中分析物质的质量浓度(ρ_a)计算。

$$\rho_a=\frac{I_s\times\rho_{is}}{RRF\times I_{is}}$$

(七)干扰及消除

本方法中只有与待测化合物有相似的质谱图和气相色谱保留时间的化合物才产生干扰。常遇到的是同分异构体的干扰。吸附了待测化合物的吸附管被污染是本方法常遇到的一个问题,因此在整个采样分析过程中对吸附管的制备、贮存和处理要特别小心。

四、思考与讨论

(1)目前所测定的 VOCs 主要包括哪些物质?
(2)分析影响目视比色法和固体吸附-热脱附气相色谱-质谱法测定 VOCs 准确度的因素及控制方法。

3.6 实验二十二 室内空气中氡的测定 (连续氡测量仪法)

室内空气中的氡主要来自建筑装修材料(如大理石、卫生陶瓷、石膏板、地砖等)和建筑物下面的土壤。氡是自然界唯一的天然放射性气体,氡在作用于人体的同时会很快衰变成人体能吸收的核素,进入人的呼吸系统,造成辐射,诱发肺癌。氡因无色无味被喻为无形杀手,对人体造血器官、神经系统、生殖系统和消化系统也有一定的损伤。

一、实验目的

(1)学习氡测定的原理。
(2)了解氡测量仪的结构。
(3)掌握氡测量仪的操作。

二、实验原理

使用采样泵或自由扩散方法将待测空气中的氡抽入或扩散进入测量室,通过直接测量所收集氡产生的子体产物或经静电吸附浓集后的子体产物的放射性,推算出待测空气中的氡浓度。

三、适用范围

本法适用于室内空气中 ^{222}Rn 及其子体浓度的测定。

四、实验仪器

连续氡测量仪。主要性能指标如下：

测量范围：$10 \sim 10^5$ Bq/m³。

探测下限：＜10 Bq/m³。

测量结果的不确定度：≤25％（置信度 95％）。

环境条件：温度 0～40 ℃，相对湿度最大 90％，30 ℃。

五、实验步骤

为了评价室内氡水平，测量一般分为以下两步进行：

第一步筛选测量，用以快速判定建筑物是否对其居住者有产生高辐射的潜在危险。

第二步跟踪测量，用以估计居住者的健康危险度以及对治理措施做出评价。

(一)筛选测量

筛选测量用以快速判定建筑物内是否含有高浓度氡气，以决定是否需要或采取哪类跟踪测量。筛选测量的特点是花费少且操作简单，不会把时间或经费浪费在那些对健康不构成危险的室内环境。

(1)筛选测量的采样时间：连续氡测量仪采样至少 6 h，最好 24 h 或更长。

(2)点位的选择：筛选测量应在氡浓度估计最高和最稳定的房间或区域内进行。

选择原则：

测量应当在最靠近房屋底层的经常使用的房间，包括起居室、书房、娱乐室、卧室等。优先选择的是底层的卧室，因为多数人在卧室内度过的时间比在其他任何房间都长。

测量不应选择在厨房和浴室。因为厨房排风扇产生的通风会影响测量结果。浴室的湿度很高，可能影响某些仪器的灵敏度。

测量应避开采暖、通风、空调系统的通风口以及火炉和门、窗等能引起空气流通的地方，还应避开阳光直晒和高潮湿区域。

测量位置应距离门、窗 1 m 以上，距离墙面 0.5 m 以上。

测量仪应放置在离地面至少 0.5 m，并不得高于 1.5 m，并且距离其他物体 10 cm 以上的位置。

(3)封闭时间：通常关闭门窗 12 h。

(4)筛选测量结果和推荐措施：见表 22-1。

表 22-1　筛选测量结果和推荐措施

筛选测量结果	推荐措施
≤400 Bq/m³	不需要跟踪测量，可出具测量达标的监测报告
＞400 Bq/m³	进行跟踪测量，跟踪测量可以是短期测量或长期测量

（二）跟踪测量

跟踪测量的目的是更准确地测量氡长期平均浓度，以便就其危害和需要采取的补救行动做出判定。

（1）跟踪测量时间：依据表 22-2 选择跟踪测量的时间。

表 22-2　跟踪测量的选择

仪器	连续氡测量仪
筛选测量结果大于 800 Bq/m³（短期跟踪测量）	在封闭的条件下，进行 24 h 的测量
筛选结果为 400～800 Bq/m³（长期跟踪测量）	在建筑正常使用条件下，每 3 个月进行 4 次历时 24 h 的测量

（2）跟踪测量地点：跟踪测量应当在筛选测量相同的位置上进行。

（3）跟踪测量结果和推荐措施：依据跟踪测量结果，参见表 22-3，出具监测报告，并采取相应的补救措施。

表 22-3　跟踪测量结果和推荐措施

跟踪测量结果	推荐措施
＜400 Bq/m³	出具达标的监测报告。不必采取措施
＞400 Bq/m³（长期跟踪测量） ＞800 Bq/m³（短期跟踪测量）	出具不达标的监测报告。采取措施，将氡水平降低到 400 Bq/m³ 或更低水平
400～800 Bq/m³（短期跟踪测量）	长期跟踪测量。建议采取措施，将氡水平降低到 400 Bq/m³ 或更低水平

六、实验记录

实验记录见表 22-4。

表 22-4　实验记录

测定方法	
测定时间	
测定地点	
测定结果	
推荐措施	

3.7　实验二十三　室内空气中甲醛的测定

室内空气中甲醛主要来自室内装修材料,如胶合板、纤维板、刨花板、墙纸等。长期接触低剂量甲醛可引起慢性呼吸道疾病;高浓度甲醛对人体神经系统、免疫系统、肝脏等都有毒害作用。甲醛还有致畸、致癌作用,对人体健康影响极大。

一、实验目的

(1)掌握酚试剂分光光度法测定室内空气中甲醛的原理和方法。
(2)掌握小流量溶液吸收采样法。
(3)掌握分光光度计的使用。
(4)学习乙酰丙酮分光光度法测定甲醛的方法和原理。
(5)掌握室内空气中甲醛的采样方法。

二、实验原理

酚试剂分光光度法:空气中的甲醛与酚试剂反应生成嗪,嗪在酸性溶液中被三价离子氧化形成蓝绿色化合物。根据颜色深浅,比色定量。

乙酰丙酮分光光度法:甲醛气体经水吸收后,在 pH=6 的乙酸-乙酸铵缓冲溶液中,与乙酰丙酮作用,在沸水浴条件下,迅速生成稳定的黄色化合物,该化合物在波长 413 nm 处有最大吸收,在 3 h 内吸光度基本不变。化学反应式为:

$$
\begin{array}{c}
\text{H—C—H} \ +NH_3+ \ \text{H}_3\text{C—C—CH}_2\text{—C—CH}_3 \longrightarrow \\
\end{array}
$$

三、适用范围

酚试剂分光光度法:以 5 mL 样品溶液为例,本法测定范围为 0.1~1.5 μg;采样体积为 10 L 时,可测浓度范围为 0.01~0.15 mg/m³。

乙酰丙酮分光光度法:在采样体积为 0.5~10.0 L 时,测定范围为 0.5~800 mg/m³。

甲醛回收率不低于 95％。

四、酚试剂分光光度法

(一)实验仪器与试剂

1. 实验仪器

(1)大型气泡吸收管(图 23-1):出气口内径为 1 mm,出气口至管底距离等于或小于 5 mm。

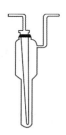

图 23-1 大型气泡吸收管

(2)恒流采样器:流量范围 0~1 L/min。流量稳定可调,恒流误差小于 2％,采样前和采样后应用皂膜流量计校准采样系列流量,误差小于 5％。

(3)分光光度计、10 mm 比色皿。

(4)10 mL 具塞比色管、移液管等。

2. 实验试剂

本法中所用水均为重蒸馏水或去离子交换水,所用的试剂为分析纯。

(1)吸收液原液:称量 0.10 g 酚试剂[$C_6H_9N_3S \cdot HCl$,简称 NBTH],加水溶解,置于 100 mL 具塞量筒中,加水到刻度。放冰箱中保存,可稳定 3 天。

(2)吸收液:量取吸收原液 5 mL,加 95 mL 水,临用现配。

(3)1％硫酸铁铵溶液:称量 1.0 g 十二水合硫酸铁铵[$NH_4Fe(SO_4)_2 \cdot 12H_2O$],用 0.1 mol/L 盐酸溶解,并稀释至 100 mL。

(4)甲醛标准贮备液及其标定。

①甲醛标准贮备液:取 2.8 mL 含量为 36％~38％甲醛溶液,放入 1000 mL 容量瓶中,加水稀释至刻度。此溶液 1 mL 约相当于 1 mg 甲醛。

②碘溶液[$c(\frac{1}{2}I_2)=0.1000$ mol/L]:称量 30 g 碘化钾,溶于 25 mL 水中,加入 127 g 碘。待碘完全溶解后,用水定容至 1000 mL。移入棕色瓶中,暗处贮存。

③1 mol/L 氢氧化钠溶液:称量 40 g 氢氧化钠,溶于水中,稀释到 1000 mL。

④0.5 mol/L 硫酸溶液:取 28 mL 浓硫酸缓慢加入水中,冷却后,稀释到 1000 mL。

⑤硫代硫酸钠标准溶液[$c(Na_2S_2O_3)=0.1000$ mol/L]:可购买标准试剂,也可按以下标定方法制备。

a.碘酸钾标准溶液$[c(\frac{1}{6}KIO_3)=0.1000\ mol/L]$：准确称量 3.5667 g 经 105 ℃烘干 2 h 的碘酸钾（优级纯），溶解于水，移入 1 L 容量瓶中，再用水定容至 1000 mL。

b.0.1 mol/L 盐酸溶液：量取 82 mL 浓盐酸加入水中，稀释至 1000 mL。

c.硫代硫酸钠标准溶液$[c(Na_2S_2O_3)=0.1000\ mol/L]$：称量 25 g 硫代硫酸钠（$Na_2S_2O_3\cdot 5H_2O$），溶于 1000 mL 新煮沸并已放冷的水中，此溶液浓度约为 0.1 mol/L。加入 0.2 g 无水碳酸钠，贮存于棕色瓶内，放置一周后，再标定其准确浓度。

d.硫代硫酸钠溶液的标定方法：精确量取 25.00 mL$[c(\frac{1}{6}KIO_3)=0.1000\ mol/L]$碘酸钾标准溶液于 250 mL 碘量瓶中，加入 75 mL 新煮沸后冷却的水，加 3 g 碘化钾及 10 mL 0.1 mol/L 盐酸溶液，摇匀后放入暗处静置 3 min。用硫代硫酸钠标准溶液滴定析出的碘，至淡黄色，加入 1 mL 0.5%淀粉溶液呈蓝色，再继续滴定至蓝色刚刚褪去，即为终点，记录所用硫代硫酸钠溶液体积 V，其准确浓度用下式计算：

$$硫代硫酸钠标准溶液浓度(mol/L)=\frac{0.1000\times25.00}{V}$$

平行滴定两次，两次滴定所用硫代硫酸钠溶液的体积相差不能超过 0.05 mL，否则应重新做平行测定。

⑥0.5%淀粉溶液：将 0.5 g 可溶性淀粉，用少量水调成糊状后，再加入 100 mL 沸水，并煎沸 2～3 min 至溶液透明。冷却后，加入 0.1 g 水杨酸或 0.4 g 氯化锌保存。

甲醛标准贮备液的标定：精确量取 20.00 mL 待标定的甲醛标准贮备液，置于 250 mL 碘量瓶中，加入 20.00 mL 碘溶液$[c(\frac{1}{2}I_2)=0.1000\ mol/L]$和 15 mL 1 mol/L 氢氧化钠溶液，放置 15 min，加入 5.00 mL 0.5 mol/mL 硫酸溶液，再放置 15 min，用$[c(Na_2S_2O_3)=0.1000\ mol/L]$硫代硫酸钠溶液滴定，至溶液呈现淡黄色时，加入 1 mL 5%淀粉溶液继续滴定至恰使蓝色褪去为止，记录所用硫代硫酸钠溶液体积 V_2。同时用水做试剂空白滴定，记录空白滴定所用硫代硫酸钠标准溶液的体积 V_1。甲醛溶液浓度用下式计算：

$$甲醛溶液浓度(mg/mL)=(V_1-V_2)\times N\times\frac{15}{20}$$

式中，V_1——试剂空白消耗硫代硫酸钠溶液的体积，mL；

　　　V_2——甲醛标准贮备液消耗硫代硫酸钠溶液的体积，mL；

　　　N——硫代硫酸钠溶液的浓度，mol/L；

　　　15——相当于 1 L 1 mo/L 硫代硫酸钠标准溶液的甲醛（$\frac{1}{2}CH_2O$）的质量，g/mol；

　　　20——所取甲醛标准贮备液的体积，mL。

(5)甲醛标准溶液：临用时，将甲醛标准贮备液用水稀释成 1.00 mL 含 10 μg 甲醛；立即再取此溶液 10.00 mL，加入 100 mL 容量瓶中，加入 5 mL 吸收原液，用水定容至 100 mL，此溶液 1.00 mL 含 1.00 μg 甲醛，放置 30 min 后，用于配制标准色系列，此标准溶液可稳定 24 h。

（二）实验步骤

1. 采样

用一个内装 5 mL 吸收液的大型气泡吸收管，以 0.5 L/min 流量，采气 10 L，并记录采样点的大气温度和大气压力。采样后样品在室温下应在 24 h 内分析。

2. 标准系列的测定

取 10 mL 具塞比色管，用甲醛标准溶液按表 23-1 制备标准系列。

表 23-1　甲醛标准系列

管号	0	1	2	3	4	5	6	7	8
标准溶液/mL	0	0.1	0.20	0.40	0.60	0.80	1.00	1.50	2.00
吸收液/mL	0.5	4.9	4.8	4.6	4.4	4.2	4.0	3.5	3.0
甲醛含量/μg	0	0.1	0.2	0.4	0.6	0.8	1.0	1.5	2.0

各管中，加入 0.4 mL 的 1‰硫酸铁铵溶液，摇匀，放置 15 min。用 10 mm 比色皿，在波长 630 nm 下，以水为参比，测定各管溶液的吸光度。

3. 样品测定

采样后，将样品溶液全部转入比色管中，用少量吸收液洗吸收管，合并洗液使总体积为 5 mL。按绘制标准曲线的操作步骤显色并测定样品吸光度 $A_{样}$；在每批样品测定的同时，用 5 mL 未采样的吸收液做试剂空白实验，测定试剂空白的吸光度 A_0。

（三）实验记录

采样记录见表 23-2。

表 23-2　采样记录

采样点温度/℃	采样点大气压力/kPa	采样流量/(L/min)	采样时间/min	采样体积/L

标准系列记录见表 23-3。

表 23-3　标准系列记录

管号	0	1	2	3	4	5	6	7	8
甲醛含量/μg	0	0.1	0.2	0.3	0.4	0.5	0.6	0.7	0.8
吸光度 A									
校正吸光度 A'									

样品测定记录见表 23-4。

表 23-4　样品测定记录

1	空白试样吸光度 A_0	
2	待测样品吸光度 $A_样$	
3	待测样品的校正吸光度 $A'_样$	
4	待测样品中甲醛的含量 $m/\mu g$	

（四）数据处理

（1）将采样气体的体积按下式换算成标准状态下的体积：

$$V_0 = V_t \cdot \frac{t_0}{273+t} \cdot \frac{p}{p_0}$$

式中，V_0——标准状态下的采样气体体积，L；

$\quad\quad V_t$——采样体积，L，V_t 由采样流量（L/min）乘以采样时间（min）得到；

$\quad\quad p$——采样点的大气压力，kPa；

$\quad\quad t$——采样点的气温，℃；

$\quad\quad p_0$——标准状态下的大气压力（101.3 kPa）；

$\quad\quad t_0$——标准状态下的绝对温度 273 K。

（2）标准曲线的绘制。以甲醛含量（μg）为横坐标，校正吸光度 A' 为纵坐标，在直角坐标系中作图，以最小二乘法计算出标准曲线的回归方程 $Y=a+bX$ 和相关系数 R^2。绘制标准曲线。

（3）空气中甲醛浓度的计算。由待测样品的校正吸光度 $A'_样$（样品吸光度减去空白吸光度），从标准曲线上查得甲醛含量 m（μg）。

$$空气中甲醛含量\ c\,(\mathrm{mg/m^3}) = \frac{m}{V_0}$$

式中，m——由样品的校正吸光度，从标准曲线上查得的甲醛含量，μg；

$\quad\quad V_0$——换算成标准状态下的采样体积，L。

五、乙酰丙酮分光光度法

（一）实验仪器

（1）采样器。流量范围为 0.2～1.0 L/min 的空气采样器。

（2）皂膜流量计。

（3）多孔玻板吸收管。50 mL 或 125 mL。采样流量为 0.5 L/min 时，阻力为（6.7±0.7）kPa，单管吸收效率大于 99%。

（4）具塞比色管。25 mL，具 10 mL、25 mL 刻度，经校正。

（5）分光光度计（含 1 cm 比色皿）。

(6)标准皮托管(具校正系数)。

(7)倾斜式微压计。

(8)采样引气管。聚四氟乙烯管,内径6～7 mm,引气管前端带有玻璃纤维滤料。

(9)空盒气压表。

(10)0～100 ℃水银温度计。

(11)pH酸度计。

(12)水浴锅。

(二)实验试剂

(1)实验中所有用水均为不含有机物的蒸馏水。制备:加少量高锰酸钾的碱性溶液于水中再进行蒸馏即得(在整个蒸馏过程中水应始终保持红色,否则应随时补加高锰酸钾)。

(2)吸收液。不含有机物的重蒸馏水。

(3)乙酸铵(CH_3COONH_4)。

(4)冰醋酸(CH_3COOH):相对密度为1.055。

(5)乙酰丙酮($C_5H_8O_2$):相对密度为0.975。

(6)碘(I_2)溶液:$c\frac{1}{2}I_2$＝0.10 mol/L,称取40 g碘化钾溶于10 mL水,加入12.7 g碘,溶解后移入1000 mL容量瓶,用水稀释定容。

(7)0.25％(体积分数)乙酰丙酮溶液。称取25 g乙酸铵,加少量水溶解,加3 mL冰醋酸及0.25 mL新蒸馏的乙酰丙酮,混匀,再加水至100 mL,调整pH＝6.0。此溶液于2～5 ℃储存,可保存1个月。

(8)甲醛标准溶液。量取10 mL 36％～38％甲醛,用水稀释至500 mL,用碘量法标定甲醛溶液浓度。使用时,先用水稀释至每毫升含10.0 μg甲醛的溶液。然后立即吸取10.00 mL稀释溶液于100 mL容量瓶中,加5.0 mL吸收原液,再用水稀释至标线。此溶液每毫升含1.0 μg甲醛。放置30 min后,用此溶液配制标准系列,此标准溶液可稳定24 h。

标定方法:吸取5.00 mL甲醛溶液于250 mL碘量瓶中,加入30.00 mL $c\frac{1}{2}I_2$＝0.10 mol/L的碘溶液,立即逐滴加入30％氢氧化钠溶液至颜色褪至淡黄色。放置10 min,用5.0 mL盐酸(1∶5)溶液酸化(做空白滴定时需多加2 mL)。置暗处10 min,加入100～150 mL水,用0.1 mol/L硫代硫酸钠标准溶液滴定至淡黄色,加入1.0 mL新配制的5％淀粉指示剂,继续滴定至蓝色刚刚褪去。建议购买甲醛标样。

另取5 mL水,同上法进行空白滴定。

按下式计算甲醛溶液浓度:

$$c_{HCHO}=\frac{(V_0-V)\times c_{Na_2S_2O_3}\times 15.0}{5.00}$$

式中,V_0——滴定空白溶液所消耗硫代硫酸钠标准溶液的体积,mL;

V——滴定甲醛溶液所消耗硫代硫酸钠标准溶液体积,mL;

$c_{Na_2S_2O_3}$——硫代硫酸钠标准溶液浓度,mol/L;

15.0——相当于 1 L 1 mol/L 硫代硫酸钠标准溶液的甲醛($\frac{1}{2}CH_2O$)的质量,g。

(二)实验步骤

1. 样品的采集与保存

(1)采样系统

由采样引气管采样吸收管和空气采样器串联组成。吸收管体积为 50 mL 或 125 mL,吸收液装液量分别为 20 mL 或 50 mL,以 0.5~1.0 L/min 的流量,采气 5~20 min。

(2)环境空气采样

用一个内装 5.0 mL 吸收液的气泡吸收管,以 0.5 L/min 流量采样 10 L。

(3)样品的保存

采集好的样品于 2~5 ℃储存,2 d 内分析完毕,以防止甲醛被氧化。

(4)采样体积的校准

①流量校准。在采样时用皂膜流量计对空气采样器进行流量校准。采样体积 V_m(L)按下式计算:

$$V_m = Q'_r n$$

式中,Q'_r——经校准后的流量,L/min;

$\quad\quad n$——采样时间,min。

②压力测量。连接标准皮托管和倾斜式微压计进行压力测量,空气采样用空盒气压表进行气压读数,废气或空气压力以 p_m(kPa)表示。

③温度测量。用水银温度计测量管道废气或空气温度,以 t_m(℃)表示。

④体积校准。采气标准状态体积 V_{nd}(L)按下式计算:

$$V_{nd} = V_m \times 2.694 \times \frac{101.325 + p_m}{273 + t_m}$$

式中,V_{nd}——废气或空气采样体积(0 ℃,101.32 kPa),L;

$\quad\quad V_m$——废气或空气采样体积,L;

$\quad\quad p_m$——废气或空气压力,kPa;

$\quad\quad t_m$——废气或空气温度,℃;

$\quad\quad 273$——标准状况的热力学温度,K。

2. 校准曲线的绘制

取 7 支 25 mL 具塞比色管,按表 23-5 配制标准系列。

表 23-5　甲醛的标准系列配制

管号	0	1	2	3	4	5	6
5.00 μg/mL 甲醛体积/mL	0	0.2	0.8	2.0	4.0	6.0	7.0
甲醛质量/μg	0	1.0	4.0	10.0	20.0	30.0	35.0

上述标准系列中,用水稀释定容至 10.0 mL 标线,加 0.25‰乙酰丙酮溶液 2.0 mL,

混匀。置于沸水浴加热 3 min,取出冷却至室温,用 1 cm 比色皿,以水为参比,于波长413 nm 处测定吸光度。将上述系列标准液测得的吸光度 A 值扣除试剂空白(零浓度)的吸光度 A_0 值,便得到校准吸光度 y 值,以校准吸光度 y 为纵坐标,以甲醛含量 $x(\mu g)$ 为横坐标,绘制校准曲线,或用最小二乘法计算其回归方程式。注意:零浓度不参与计算。

$$y = bx + a$$

式中,y——校正吸光度;

$\qquad a$——校准曲线截距;

$\qquad b$——校准曲线斜率。

由斜率倒数求得校准因子:$B_s = 1/b$。

3. 样品测定

将吸收后的样品溶液移入 50 mL 或 100 mL 容量瓶中,用水稀释定容。取少于10 mL 试样(吸取量视试样浓度而定)于 25 mL 比色管中,用水定容至 10.0 mL 标线,以下步骤按标准曲线绘制步骤进行分光光度测定。

4. 空白实验

用现场未采样空白吸收管的吸收液,按标准曲线绘制步骤进行空白测定。

(三)数据处理

试样中甲醛的吸光度 y 用下式计算:

$$y = A_s - A_b$$

式中,A_s——样品测定吸光度;

$\qquad A_b$——空白实验吸光度。

试样中甲醛含量 $x(\mu g)$ 用下式计算:

$$x = \frac{y-a}{b} \times \frac{V_1}{V_2}$$

式中,V_1——定容体积,mL;

$\qquad V_2$——测定取样体积,mL。

废气或环境空气中甲醛浓度 $c(mg/m^3)$ 用下式计算:

$$c = \frac{x}{V_{nd}}$$

六、注意事项

(1)日光照射能使甲醛氧化,因此在采样时应选用棕色吸收管,在样品运输和存放过程中,也应采取避光措施。

(2)乙酰丙酮的纯度对空白实验吸光度有影响。乙酰丙酮应当无色透明,必要时需进行蒸馏精制。

七、思考与讨论

(1)测定甲醛的方法还有哪几种？它们各有什么特点？

(2)甲醛对环境有哪些影响？

3.8　实验二十四　校园环境空气 PM$_{10}$ 和 PM$_{2.5}$ 的测定

PM$_{10}$ 称为可吸入颗粒物，是指悬浮在空气中空气动力学直径≤10 μm 的颗粒物。PM$_{2.5}$ 称为细颗粒物，是指悬浮在空气中空气动力学直径≤2.5 μm 的颗粒物。

颗粒物测定方法包括重量法、压电晶体差频法、光散射等。本实验采样重量法（HJ 618—2011）测定环境空气中的 PM$_{10}$ 和 PM$_{2.5}$。

一、实验目的

(1)掌握重量法测定空气中颗粒污染物的方法。

(2)掌握中流量颗粒物采样器基本操作技术及采样方法。

二、实验原理

使一定体积的空气以恒定的流速分别通过一定切割特性的采样器，使环境空气中 PM$_{10}$ 和 PM$_{2.5}$ 被截留在已知质量的滤膜上。根据采样前、后滤膜的质量差及采集的气体体积，即可计算 PM$_{10}$ 和 PM$_{2.5}$ 的质量浓度。

三、实验仪器

(1)滤膜：根据样品采集目的，可选用玻璃纤维滤膜、石英滤膜等无机滤膜或聚氯乙烯、聚丙烯、混合纤维素等有机滤膜。PM$_{10}$ 滤膜对 0.3 μm 标准粒子的截留效率≥99%，PM$_{2.5}$ 滤膜对 0.3 μm 标准粒子的截留效率≥99.7%。空白滤膜放在恒温恒湿箱中平衡处理至恒重，称量后，放入干燥器中备用。

(2)切割器。

①PM$_{10}$ 切割器：切割粒径 D_{50}＝（10±0.5）μm；捕集效率的几何标准差为 σ_g＝（1.5±0.1）μm。②PM$_{2.5}$ 切割器：切割粒径 D_{50}＝（2.5±0.2）μm；捕集效率的几何标准差为 σ_g＝（1.2±0.1）μm。

(3)采样器。

①大气颗粒物采样器，中流量采样器工作点流量为 100 L/min，量程为 60~125 L/min，

误差≤2%。

②大气颗粒物采样器,小流量采样器工作点流量为 16.67 L/min,量程为 0~30 L/min,误差≤2%。

(4)分析天平:感量 0.1 mg 或 0.01 mg。

(5)恒温恒湿箱:箱内空气温度在 15~30 ℃范围内可调,控温精度为±1 ℃。箱内空气相对湿度应控制在 50%±5%。恒温恒湿箱可连续工作。

(6)干燥器:内盛变色硅胶。

四、实验步骤

(一)滤膜的准备

选择边缘平滑、无毛刺、无针孔、无折痕、无破损的滤膜,将选好的滤膜编号。置于恒温恒湿箱中平衡 24 h,平衡温度取 15~30 ℃范围的任一点,相对湿度控制在 45%~55%范围内。记录平衡温度与湿度。平衡 24 h 后,用感量为 0.1 mg 或 0.01 mg 的分析天平称量滤膜,记录滤膜质量 $m_1(g)$。将称好的滤膜放入滤膜保存盒内。

(二)样品的采集

(1)在指定的采样位置,采样器入口距地面高度不得小于 1.5 m。

(2)采用间断采样方式测定日平均浓度时,其次数不应少于 4,累积采样时间不应短于 18 h。

(3)采样时,将已称重的滤膜用镊子放入洁净采样夹内的滤网上,滤膜毛面应朝进气方向,将滤膜牢固压紧使其不漏气。如果采用间断采样方式测定日平均浓度,每次需更换滤膜。

(4)采样结束后,取下滤膜夹,用镊子轻轻夹住滤膜边缘,取下样品滤膜,并检查在采样过程中滤膜是否有破裂现象,或滤膜上尘的边缘轮廓是否有不清晰的现象。若有,则该样品膜作废,需重新采样。确认无破裂后,将滤膜的采样面向里对折 2 次放入与样品膜编号相同的滤膜袋(盒)中。记录采样结束时间、采样流量、温度和压力等参数。

(5)滤膜采集后,如不能立即称重,应在 4 ℃条件下冷藏保存。

(三)样品的测定

将已采样的滤膜在恒温恒湿箱中,在与采样前干净滤膜平衡条件相同的温度和湿度下,平衡 24 h。然后在上述平衡条件下称量,记录采样后滤膜与颗粒物的质量 $m_2(g)$。同一滤膜在恒温恒湿箱中相同条件下再平衡 1 h 后称重,对于 PM_{10} 和 $PM_{2.5}$ 颗粒物样品滤膜,2 次质量之差分别小于 0.4 mg 和 0.04 mg 为满足恒重要求。

五、数据处理

$PM_{2.5}$ 和 PM_{10} 浓度按下式计算:

$$\rho = \frac{m_2 - m_1}{V} \times 1000$$

式中，ρ——PM_{10} 或 $PM_{2.5}$ 浓度，mg/m^3；

　　m_2——采样后滤膜的质量，g；

　　m_1——空白滤膜的质量，g；

　　V——实际采样体积，m^3

计算结果保留 3 位有效数字。

六、注意事项

(1)采样器每次使用前需进行流量校准。

(2)滤膜使用前均需进行检查，不得有针孔或其他缺陷。称量滤膜时要消除静电的影响。

(3)取清洁滤膜若干张，在恒温恒湿箱中按平衡条件平衡 24 h 称重，每张滤膜非连续称量 10 次以上，以每张滤膜的平均值为该张滤膜的原始质量。以上述滤膜作为标准滤膜。每次称滤膜的同时，称量两张标准滤膜。若标准滤膜称出的质量在原始质量±5 mg（大流量）或±0.5 mg（中流量和小流量）范围内，则认为该批样品滤膜称量合格，数据可用。否则，应检查称量条件是否符合要求并重新称该批样品滤膜。

(4)采样不宜在风速大于 8 m/s 等天气条件下进行。如果测定交通枢纽处 PM_{10} 和 $PM_{2.5}$，采样点应布置在距人行道边缘外侧 1 m 处。

(5)要经常检查采样头是否漏气。当滤膜安放正确，采样系统无漏气时，采样后滤膜上颗粒物与四周白边之间界线应清晰，如出现界线模糊，则表明应更换滤膜密封垫。

(6)对电机有电刷的采样器，应尽可能在电机由于电刷原因停止工作前更换电刷，以免使采样失败，更换时间视以往情况确定。更换电刷后要重新校准流量。新更换电刷的采样器应在负载条件下运转 1 h，待电刷与转子的整流子良好接触后，再进行流量校准。

(7)当 PM_{10} 或 $PM_{2.5}$ 含量很低时，采样时间不能过短。对于感量为 0.1 mg 和 0.01 mg 的分析天平，滤膜上颗粒物负载量应分别大于 1 mg 和 0.1 mg，以减少称量误差。

(8)采样前后，滤膜称量应使用同一台分析天平。

3.9　实验二十五　校园空气质量现状监测

　　根据前面所学的内容，对莆田学院校园空气环境质量进行监测。监测方案由学生自己制定，实验教师指导。

一、校园空气质量监测方案的主要内容

对监测区进行现场调查,调查内容如下:

(1)监测区大气污染源、数量、方位、排放口的主要污染物及排放量、排放方式,同时了解所用原料、燃料及消耗量(主要调查食堂)。

(2)监测区周边大气污染源的类型、数量、方位及排放量(主要调查周围村庄等)。

(3)监测区周边的交通污染源、车流量。

(4)监测时段内中校区的气象资料(本实验中心提供)。

(5)监测区域划分:生活区、教学区。

二、监测方案的实施

(1)由班长及学习委员负责,将班里的同学分成5~6组,对校园大气环境进行监测。

(2)记录采样时的周围环境情况。

(3)记录监测结果。

三、校园空气质量评价

全班同学一起对大气监测结果进行讨论,按照空气质量级环境标准进行评价,分析其达标情况,并提出实用的改善及保护措施、建议。

第四章　土壤质量监测实验

4.1　实验二十六　土壤样品采集及处理

一、实验目的

土壤样品的采集与制备是土壤分析工作中的一个重要环节。实验方法直接影响分析结果的准确性及应用价值,因此必须按科学的方法进行采样和制备。通过实验,学生初步掌握耕层土壤混合样品的采集和制备方法。

二、实验仪器

小铁铲、布袋(或塑料袋)、标签、铅笔、尺子、锤子、镊子、土壤筛(18 目、60 目)、广口瓶、研钵、盛土盘等。

三、实验步骤

(一)样品的采集

根据不同的研究目的,有不同的采样方法。

1. 研究土壤肥土

(1)采取混合样品。采样时需按一定的采样路线进行。采样点的分布应做到均匀和随机;布点的形式以蛇形最好,在地块面积小、地势平坦、肥力均匀的情况下,可采用对角线或棋盘式采样路线,如图 26-1 所示。采样点要避免地埂边、路旁、沟边、挖方、填方及堆肥等特殊地方;采样点的数目一般应根据采样区域大小和土壤肥力差异情况,酌情采集 5～20 个点。

(2)采样方法。采样点确定后,刮去 2～3 mm 的表土,用土钻或小铁铲垂直入土 15～20 cm。每点的取土深度、质量应尽量一致,将采集的土样集中在盛土盘中,粗略选

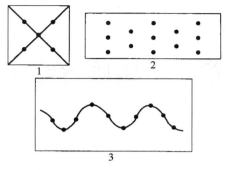

图 26-1　采样点的布置

去石砾、虫壳、根系等物质,混合均匀,采用四分法(图 26-2),除去多余的土,直至所需要的量为止,一般每个混合土样的质量约 1 kg。

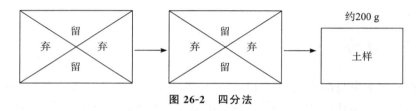

图 26-2　四分法

(3)采样时间。如果土壤测定为了解决随时出现的问题,应随时采样;为了摸清土壤养分变化和作物生长规律,应按作物生育期定期采样;为了制定施肥计划而进行土壤测定时,应在作物收获前后或施基肥前进行采样;为了了解施肥效果,应在作物生长期间施肥前后进行采样。

(4)装袋与填写标签。所采土样装入布袋中,填写标签两份,一份贴在布袋外,一份放入布袋内,标签应写明采样地点、深度、样品编号、日期、采样人、土样名称等。同时将此内容登记在专门的记载本上备查。

2. 研究土壤形成发育

在野外先确定区域地形及具体剖面位置,在草图上注明采集位置,在样品袋内写明野外条件,如地形、位置、利用情况、研究目的等。

采样时应分层取样,不得混合,各层采样深度与每个层段深度不一致,采样只选择其中最典型的部分,一般取 0～10 cm,不取过渡层,过渡层只作野外研究,不作化学分析。采样由下到上,这样可避免采取上层土样时,土块落下干扰下层。每个样品(每层)需采 1 kg。特别注意采样深度按实际采样深度记,如土壤剖面的耕作层是 0～30 cm,采样部位实际上是 5～15 cm,记载以后者为准。

研究土壤发育剖面样品,不能在同一类型土壤与性质相近或相同的土壤上采取土样进行混合,只能每个剖面样品独立单独采取,独立分析,以免土壤的差异在混合的过程中被掩盖。

3. 研究土壤与植物的关系

研究土壤与植物的关系即做作物营养诊断。每采一个植株样品,同时取该植株的根际土壤。为更好地反映土壤与作物的关系,应在采样后马上分析,不宜久置。大面积采样,应当由多点样品(约 1 kg)混合,用四分法取得均匀样品约 100 g;小区取样,最后取50 g 左右。

4. 研究土壤障碍因素的取样

大面积毒质危害,应多点采样混合,取根附近的土壤;局部毒质危害,可根据植株生长情况,按好、中、差分别进行土壤与植株样品同时采取。

(二)土壤样品的制备

1. 风干剔杂

除速效养分、还原物质的测定需用新鲜样品外,其余均采用风干土样,以抑制微生物活动和化学变化,便于长期保存。

风干土样的处理方法:将新鲜土样铺平放在木板上或光滑的厚纸上,厚 2～3 cm,放置在阴凉、通气、清洁的室内风干。严禁暴晒或受到酸、碱气体等物质的污染。应随时翻动,捏碎大土块,剔除根茎叶、虫体等,经过 5～7 d 后可达风干要求。

2. 磨细过筛

将风干后的土样平铺在木板上,用木棒碾碎,边磨边筛,直到全部通过 1 mm(18 目)为止。石砾和石块切勿弄碎,必须筛去,少量可弃去,多量时,应称其质量,计算其百分含量。过筛后土样经充分混匀后,用四分法分成两份,一份供 pH、速效养分等测定;另一份继续仔细挑弃残存的植物根等有机体,然后磨细至全部通过 0.25 nm(60 目)筛孔,再按四分法取出 50 g 左右供有机质、全氮测定。

3. 装瓶贮存

过筛后的两份土样分别混合后,分别装入具有磨口塞的广口瓶中,内外各附标签一张,标签上写明土壤样品编号、采集地点、土壤名称、深度、筛孔号、采集人及日期等。在保存期间应避免日光、高温、潮湿及酸碱气体的影响和污染,有效期一年。

四、数据处理

根据土样处理结果,计算土壤砾石百分率。

$$砾石含量(\%) = \frac{砾石重量}{土壤总重量} \times 100\%$$

五、思考与讨论

土壤样品的采集与制备在土壤分析工作中有什么意义?

4.2 实验二十七 土壤样品的制备与保存

一、土壤样品的制备

测定铜、锌、六六六和滴滴涕均需要用风干样品。土壤样品的制备程序包括风干、磨碎、过筛、混合、缩分、分装,制成满足分析要求的土壤样品,如图 27-1 所示。

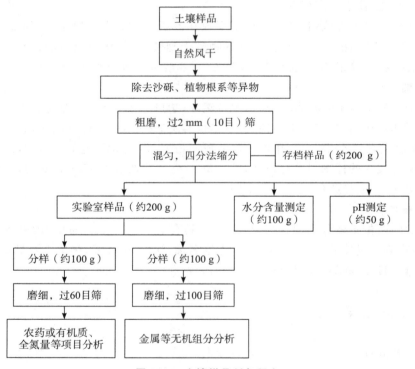

图 27-1 土壤样品制备程序

(一)土样的风干

风干应在阴凉通风处进行,切忌阳光直接曝晒,防止尘埃落入。

(二)研磨、过筛与缩分

(1)碾碎(粗磨)和初过筛:可放在木板上,用木棒或有机玻璃棒碾碎后,除去筛上的沙石和植物残体,使土样完全通过 2 mm(10目)筛。

(2)缩分:对已过 10 目筛的样品反复按四分法缩分,留下足够分析用的数量(约

600 g),分成 3 份。一份存档(约 200 g);一份进行土壤水分含量和 pH 测定;还有一份再分成 2 小份(每小份约 100 g),继续碾磨、过筛待用。

(3)磨细和再过筛:用玛瑙研钵分别磨细 2 份土样。一份研磨到全部通过 60 目(0.25 mm)筛,用于测定农药或土壤有机质、土壤全氮量等项目;另一份研磨到全部通过100 目(0.15 mm)筛,用于测定土壤金属元素。

二、样品的保存

将过筛混匀、缩分后的土壤贮存于洁净的玻璃或聚乙烯容器中,贴标签、密封,于常温、避光、阴凉、干燥条件下保存。一般土壤样品需保存半年至一年,以备必要时查核之用。

4.3　实验二十八　土壤水分及 pH 的测定

一、实验目的

土壤酸碱度是土壤的重要化学性质,它直接影响土壤养分的存在状态、转化和有效性,从而影响土壤肥力状况和作物生长发育。土壤酸碱性与很多项目的分析方法和分析结果有密切关系,因此测定土壤 pH 具有十分重要的意义。

通过实验明确测定土壤酸碱度的意义和原理,初步掌握测定方法,掌握烘干法和酒精燃烧法测定土壤水分的原理和方法。

二、实验原理

(一)烘干法原理

在 105 ℃的温度下吸湿水蒸发,而结构水不会破坏,土壤有机质也不会被分解。因此,将土壤样品置于(105±2) ℃下烘至恒重,根据其烘干前后质量之差,就可以计算出土壤水分含量的百分数。

(二)酒精燃烧法原理

利用酒精在土样中燃烧释放出的热量,使土壤水分蒸发干燥,通过燃烧前后的质量之差,计算出土壤含水量的百分数。酒精燃烧在火焰熄灭前几秒钟,即火焰下降时,土温才迅速上升到 180~200 ℃,然后温度很快降至 85~90 ℃,再缓慢冷却。由于高温阶段时间短,样品中有机质及盐类损失很少,故此法测定土壤水分含量有一定的参考价值。

(三)pH 测定原理

用水浸液或盐浸液提取土壤水溶性或待换性氢离子,再用指示电极(玻璃电极)和另一参比电极(甘汞电极)测定该浸出液的电位差。由于参比电极的电位是固定,因而电位差的大小取决于试液中的氢离子活度,在酸度计上可直接读出 pH。

三、实验仪器与试剂

(一)实验仪器

分析天平(感量 0.001 g)、烘箱、干燥器、铝盒、量筒、无水酒精、滴管、玻璃棒、酸度计、烧杯(50 mL)、量筒(25 mL)、天平(感量 0.1 g)、洗瓶、磁力搅拌器等。

(二)实验试剂

(1)pH 4.01 标准缓冲液:称取经 105 ℃烘干 2～3 h 苯二甲酸氢钾(分析纯)10.21 g,用蒸馏水溶解后定容至 1000 mL,即为 pH 4.01,浓度 0.05 mol/L 的苯二甲酸氢钾溶液。

(2)pH 6.87 标准缓冲液:称取经 120 ℃烘干的磷酸二氢钾(分析纯)3.39 g 和无水磷酸氢二钠(分析纯)3.53 g,用蒸馏水溶解后,定容至 1000 mL。

(3)pH 9.18 标准缓冲液:称 3.80 g 硼砂(分析纯)溶于无二氧化碳的蒸馏水中,定容至 1000 mL。此溶液的 pH 容易变化,应注意保存。

(4)1 mol/L 氯化钾溶液:称取化学纯氯化钾 74.6 g,溶于 400 mL 蒸馏水中,用 10% 氢氧化钾和盐酸调节 pH 至 6.0 左右,定容至 1000 mL。

四、实验步骤

(一)烘干法实验步骤

(1)取有盖的铝盒,洗净,放入干燥器中冷却至室温,称重(W_1),并注意贴好标签,以防弄错。

(2)用角匙取过 1 mm 筛孔的风干土样 4～5 g(精确至 0.001 g),铺在铝盒中(或称样皿中)进行称重(W_2)

(3)将铝盒盖打开,放入恒温箱中,在(105±2) ℃的温度下烘 8 h 左右。

(4)盖上铝盒盖子,放入干燥器中 20～30 min,使其冷却至室温,取出称重。

(5)打开铝盒盖子,放入恒温箱中,在(105±2) ℃的温度下再烘 2 h,冷却,称重至恒重(W_3)。

(二)酒精燃烧法实验步骤

称取土样 5 g 左右(精确度 0.01 g),放入已知质量的铝盒中。向铝盒中滴加酒精,浸没土面为止,振摇使土样均匀分布于铝盒中。将铝盒放在石棉铁丝网或木板上,点燃酒精,即将燃烧完时用玻璃棒轻轻翻动土样,以助其燃烧。待火焰熄灭,样品冷却后,再滴加2 mL 酒精,进行第二次燃烧,再冷却,称重。一般情况下,要经过 3～4 次燃烧后,土样才达到恒重。

(三)pH 测定实验步骤

1. 土壤水浸提液 pH 测定

称取通过 1 mm 筛孔的风干土样 5.0 g 于 50 mL 烧杯中,用量筒加入无二氧化碳蒸馏水 25 mL,在磁力搅拌器(或玻璃棒)剧烈搅拌 1～2 min,使土体充分分散。放置0.5 h,待测。

仪器校正:把电极插入与土壤浸提液 pH 接近的缓冲液中,使标准溶液的 pH 与仪器标度上的 pH 一致。然后移出电极,用水冲洗、滤纸吸干后插入另一标准缓冲溶液中,检查仪器的读数。最后移出电极,用水冲洗、滤纸吸干后待用。

测定:把电极小心插入待测液中,并轻轻摇动,使溶液与电极密切接触,待读数稳定后,记录待测液的 pH。每个样品测完后,立即用水冲洗电极,并用滤纸将水吸干再测定下一个样品。每测定 5～6 个样品后用 pH 标准缓冲溶液重新校正仪器。

2. 土壤的氯化钾盐渍提液 pH 的测定

对于酸性土,当水浸提液的 pH 低于 7 时,用盐浸提液测定才有意义。测定方法除用1 mol/L 氯化钾溶液代替无二氧化碳蒸馏水外,其余操作步骤与水浸提液相同。

五、数据处理

以烘干土为基数计算土壤水分得百分含量(%):

$$土壤水分含量 = \frac{风干土重 - 烘干土重}{烘干土重} \times 100\% = \frac{W_2 - W_3}{W_3 - W_1} \times 100\%$$

$$水分系数(\chi) = \frac{烘干土重}{风干土重} = \frac{W_3 - W_1}{W_2 - W_1}$$

风干土重换算成烘干土重为

$$烘干土重 = 风干土重 \times \chi = \frac{风干土重}{1 + 土壤含水量烘干土重(\%)}$$

六、思考与讨论

土样烘干时,如果温度低于 105 ℃或高于 110 ℃,实验结果会怎样? 为什么?

4.4　实验二十九　土壤容重的测定及土壤孔隙度的计算

一、实验目的

通过实验,要求学生掌握土壤容重的测定和计算方法;了解容重和孔隙度之间的关系;利用土壤容重数据进行必要的计算和换算。

二、实验原理

土壤容重的测定常用环刀法。环刀是一种特制的圆形钢筒,筒的一端锋利,另一端套有环盖,便于压筒入土,筒的容积约 $100~cm^2$。测定时将环刀垂直压入土壤,切割自然状态的土体,并使其所切的土体尽量与环刀的体积相等,然后将土壤烘干称土重量,计算单位体积的烘干土重量,以求土壤的容重。

三、实验仪器

天平、环刀、恒温干燥器、削土刀、小铁铲、铝盒、酒精、草纸、剪刀、滤纸等。

四、实验步骤

(1)检查环刀和环刀托是否配套,并记下环刀的编号,称重(准确至 0.1 g),同时,将事先洗净、烘干的铝盒称重,贴上标签;带上环刀、铝盒、削土刀、小铁铲到田间取样。

(2)在田间选择有代表性的地点,将环刀托套安在环刀无刃口的一端,把环刀垂直压入土中,至环刀全部充满土为止(注意保持土样的自然状态)。

(3)用铁铲将环刀周围的土壤挖去,在环刀下方切断,取出环刀,使环刀两端均留有多余的土壤。

(4)擦去环刀周围的土,并用小刀细心地沿环刀边缘削去两端多余的土壤,使土壤与环刀容积相同,盖上环刀盖,立即称重。

(5)在田间进行环刀取样的同时,在同一采样点取 20 g 左右的土样放入已知重量的铝盒中,用酒精燃烧法测定土壤含水量(或直接从称重后的环刀内取出 20 g 土,测定土壤水分含量)。

五、数据处理

(一)土壤容重

$$土壤容重(d,\mathrm{g/cm^3})=\frac{(M-G)\times100}{V(100+W)}$$

式中, M——环刀及湿土重,g;

　G——环刀重,g;

　V——环刀容积,cm³

　W——土壤含水量,%;

此法测定应不少于3次重复,允许绝对误差<0.03 g/cm³,取算术平均值。

(二)土壤孔隙的计算

$$土壤总孔隙度(P_1)=\left(1-\frac{土壤容重}{土壤面积}\right)\times100\%$$

土壤密度采用2.65 g/cm³。

六、思考与讨论

(1)土壤中大、小孔隙比例对土壤的水分、空气状况有什么影响?

(2)为什么不同质地的土壤,其容重和总孔度不同?

4.5　实验三十　土壤碱解氮含量的测定

一、实验目的

通过实验,了解其测定原理,掌握其测定方法和基本操作技能,并能比较准确地测定出土壤碱解氮的含量。

二、实验原理

扩散皿中,用1.2 mol/L NaOH(水田)或1.8 mol/L NaOH(旱土)处理土样,使易水解态氮(潜在有效氮)碱解转化为 NH_3, NH_3 扩散后为 H_2BO_3 所吸收,再用标准酸溶液滴定,计算出土壤中碱解氮的含量。

水田土壤中硝态氮极少,不需加硫酸亚铁粉,用 1.2 mol/L NaOH 碱解即可。但测定旱地土壤中碱解氮含量时,必须加硫酸亚铁,使硝态氮还原为铵态氮。同时,由于硫酸亚铁本身能中和部分 NaOH,因此需用 1.8 mol/L NaOH。

三、实验仪器与试剂

(一)实验仪器

扩散皿、半微量滴定管、恒温箱、毛玻璃、橡皮筋、吸管、分析天平(感量 0.001 g)。

(二)实验试剂

(1)2%硼酸溶液:称取硼酸 20 g,用约 60 ℃的蒸馏水溶解,冷却后定容至 1000 mL,最后用稀盐酸或氢氧化钠调节 pH 至 4.5(滴加定氮混合指示剂显淡红色)。

(2)定氮混合指示剂:分别称取 0.1 g 甲基红和 0.5 g 溴甲酚绿指示剂,放入玛瑙研钵中,并加 95%酒精 100 mL 研磨溶解,然后用稀盐酸或稀氢氧化钠调节 pH 至 4.5。

(3)1.2 mol/L NaOH:称取化学纯 NaOH 48.0 g 溶于蒸馏水中,定容至 1 L。

(4)1.8 mol/L NaOH:称取化学纯 NaOH 72.0 g 溶于蒸馏水中,定容至 1 L。

(5)硫酸亚铁粉:将 $FeSO_4 \cdot 7H_2O$(三级)磨成粉状,装入密闭瓶中,置于阴凉处。

(6)特质胶水:阿拉伯胶水溶液(称取 10 g 粉状阿拉伯胶,溶于 15 mL 蒸馏水中)10 份,甘油 10 份,饱和碳酸钾 5 份,混合即成。

(7)0.01 mol/L 盐酸标准溶液:取密度为 1.19 kg/L 的浓盐酸 8.5~9 mL,加水至 1000 mL,再用蒸馏水稀释 10 倍,用标准碱或硼砂标定其浓度。

四、实验步骤

(1)称取通过 0.25 mm 筛孔的风干土样 2 g、硫酸亚铁粉 1 g,混合均匀,置于洁净干燥的扩散皿外室,轻轻旋转扩散皿,使风干土样均匀铺平(水稻土样品不加入硫酸亚铁)。

(2)在扩散皿内室加入 2%硼酸溶液 2 mL,并滴加定氮混合指示剂 1 滴(溶液显微红色)。

(3)在扩散皿外沿涂上特质胶水,盖上毛玻璃,旋转几次,使周边与毛玻璃完全黏合密闭。

(4)慢慢推开玻璃一边,使扩散皿外室露出一条狭缝,迅速加入 10 mL 1.2 mol/L NaOH(水田)或 1.8 mol/L NaOH(旱土)溶液,立即盖上毛玻璃,水平轻轻旋转扩散皿,使碱液与土壤充分混匀。

(5)用橡皮筋固定毛玻璃,随后放入 40 ℃恒温箱中,碱液扩散 24 h 后取出(可以观察到内室溶液为蓝色)。

(6)以 0.01 mol/L 标准盐酸溶液滴定扩散皿内室溶液,溶液由蓝变为微红时即为终点。记下标准盐酸溶液消耗的体积,在样品测定同时做空白实验。

五、数据处理

$$土壤碱解氮(mg/kg) = \frac{(V - V_0) \times c \times 14}{W} \times 10^3$$

式中，V_0——空白实验消耗的盐酸的体积，mL；

　　　V——样液消耗的盐酸的体积，mL；

　　　c——盐酸标准液浓度，0.01 mol/L；

　　　14——1 mol 氮的克数；

　　　10^3——换算成 1 kg 样品中氮的毫克数；

　　　W——烘干样品重，可以用风干样品重乘以水分系数。

六、注意事项

（1）扩散皿内室加 2% 硼酸，并滴加 1 滴定氮混合指示剂后，溶液必须显微红色，否则需重做。

（2）特质胶水碱性很强，在涂胶水和洗涤扩散皿时，必须特别小心，谨防污染内室造成误差。

（3）滴定时要用干净玻璃棒小心搅动吸收液，切不可摇动扩散皿。

（4）扩散皿外室加入碱液后，操作必须小心，谨防碱液溅入内室。

4.6　实验三十一　土壤速效磷含量的测定

一、实验目的

土壤速效磷也称土壤有效磷，包括水溶性磷和弱酸溶性磷，其含量是判断土壤供磷能力的一项重要指标。测定土壤速效磷的含量，可为合理分配和施用磷肥提供理论依据。实验要求了解测定土壤速效磷的基本原理，掌握其测定方法。

二、实验原理

石灰性、中性土壤中的速效磷多以磷酸一钙和磷酸二钙状态存在，可用 0.5 mol/L 碳酸氢钠提取到溶液中；碳酸根的存在抑制了土壤中碳酸钙的溶解，降低了溶液中 Ca^{2+} 浓度，相应提高了磷酸钙的溶解度。由于浸提剂的 pH 较高（pH 为 8.5），抑制了 Fe^{3+} 和 Al^{3+} 的活性，有利于磷酸铁和磷酸铝的提取。此外，溶液中存在着 OH^-、HCO_3^-、CO_3^{2-} 等阴离子,也有利于吸附态磷的置换。用 $NaHCO_3$ 作浸提剂提取的有效磷与作物吸收磷有良好的相关性,其适应范围也广。

在一定的酸度下,浸出液中的磷用硫酸钼锑抗还原显色成磷钼蓝,蓝色的深浅在一定浓度范围内与磷的含量成正比,因此可以用比色法测定其含量。

三、实验仪器与试剂

(一)实验仪器

振荡机、分光光度计、天平(感量 0.01 g)、三角瓶(250 mL)、容量瓶(50 mL)、漏斗、无磷滤纸、移液管(10 mL)。

(二)实验试剂

(1)0.5 mol/L $NaHCO_3$(pH 8.5)浸提液:称取化学纯 $NaHCO_3$ 42.0 g 溶于 800 mL 蒸馏水中,以 4 mol/L NaOH 溶液调节 pH 至 8.5(用 pH 计测定),定容至 1000 mL,保存在试剂瓶中。如果贮存期超过 1 个月,使用时应重新调节 pH。

(2)无磷活性炭:将活性炭先用 1:1(V/V)的盐酸浸泡过夜,在布氏漏斗上抽滤,用蒸馏水冲洗多次至无 Cl^- 为止,再用 0.5 mol/L $NaHCO_3$ 溶液浸泡过夜,在布氏漏斗上抽滤,用蒸馏水洗尽 $NaHCO_3$,洗至无磷为止,烘干备用。

(3)7.5 mol/L 硫酸钼锑抗贮存液:取蒸馏水约 100 mL,放入 1 L 烧杯中,将烧杯浸在冷水内,后缓缓注入分析纯浓硫酸 407.6 mL,并不断搅拌,冷却至室温。另称取分析纯钼酸铵 10 g,溶于 60 ℃的 200 mL 蒸馏水中,冷却。然后将硫酸溶液徐徐倒入钼酸铵溶液中,不断搅拌,再加入 0.5 g 酒石酸锑钾,用蒸馏水稀释至 1 L,摇匀,贮于试剂瓶中。

(4)钼锑抗混合显色剂:称取 1.50 g 抗坏血酸(左旋,旋光度+21°~+22°,分析纯)溶于 100 mL 钼锑抗贮存液中,混匀。此试剂有效期为 24 h,宜用前配制,随配随用。

(5)磷标准液:准确称取在 105 ℃烘箱中烘干 2 h 的分析纯 KH_2PO_4 0.2195 g,溶于 400 mL 蒸馏水中。加浓硫酸 5 mL,转入 1000 mL 容量瓶中,加蒸馏水定容至刻度,摇匀,此溶液为 50 mg/L 磷标准液。此溶液不宜久贮。

(6)磷标准曲线绘制:分别吸取 50 mg/L 磷标准液 0 mL、1 mL、2 mL、3 mL、4 mL、5 mL 于 50 mL 容量瓶中,各加入 0.5 mol/L 的 $NaHCO_3$ 浸提液 1 mL 和钼锑抗显色剂 5 mL,除尽气泡后定容,充分摇匀,即为 0 mg/L、0.1 mg/L、0.2 mg/L、0.3 mg/L、0.4 mg/L、0.5 mg/L 磷的系列标准液。静置 30 min 后与待测液同时进行比色,读取吸光度值。以溶液浓度作横坐标,以吸光度作纵坐标(在方格坐标纸上)绘制标准曲线。

四、实验步骤

(1)待测液的制备:称取通过 1 mm 筛孔的风干土样 5.00 g 置于 250 mL 三角瓶中,加入一小勺无磷活性炭和 0.5 mol/L $NaHCO_3$ 浸提液 100 mL,塞紧瓶塞,在振荡机上振荡 30 min,取出后立即用干燥漏斗和无磷滤纸过滤,滤液用另一只三角瓶盛接。同时做空白实验。(若滤液不清,可将滤液倒回漏斗,重新过滤。)

(2)测定:吸取滤液 10 mL(对含 P_2O_5 1‰ 以下的样品吸取 10 mL,含磷高的可改为 5 mL 或 2 mL,但必须用 0.5 mol/L 的 $NaHCO_3$ 补足至 10 mL)于 50 mL 容量瓶中,加钼锑抗混合显色剂 5 mL,小心摇动。30 min 后,在 721 或 722 型分光光度计上用波长 660 nm(光电比色计用红色滤光片)比色,以空白液的吸收值为 0,读出待测的吸光度值。

五、数据处理

$$土壤速效磷(mg/kg) = \frac{待测液浓度 \times 待测液体积 \times 分取倍数}{烘干土重}$$

式中,待测液浓度——从标准曲线上查得待测液浓度;

待测液体积——50 mL;

分取倍数——浸提液总体积(mL)对吸取浸出液体积(mL)的倍数(100/10);

烘干土重——风干土重乘以水分系数。

六、注意事项

(1)钼锑抗混合显色剂的加入量要准确。

(2)加入混合显色剂后,即产生大量的 CO_2 气体,由于容量瓶口小,CO_2 气体不易逸出,在混匀的过程中易造成试液外溢,造成测定误差,因此必须小心慢慢加入,同时充分摇动排出 CO_2,以避免 CO_2 的存在影响比色结果。

(3)活性炭一定要洗至无 Cl^- 反应,否则不能使用。

(4)此法温度影响很大,一般测定应在 20~25 ℃ 的温度下进行。如室温低于 20 ℃,可将容量瓶放在 30~40 ℃ 的热水中保温 20 min,取出冷却后进行比色。

(5)0.5 mol/L $NaHCO_3$ 测土壤有效磷分级可参考表 31-1。

表 31-1　土壤有效磷分级

土壤速效磷的含量/ (mg/kg)	<10	10~20	>20
土壤供磷水平	低	中等	高

4.7 实验三十二 土壤速效性钾的测定

一、实验目的

测定土壤中速效性钾的含量对于判断土壤中钾素供应状况具有重要意义。通过本实验,要求学生掌握火焰光度计法测定土壤速效钾的原理和方法。

二、实验原理

以 NH_4Ac 作为浸提剂与土壤胶体上阳离子起交换作用,NH_4Ac 浸出液常用火焰光度计直接测定。为了抵消 NH_4Ac 的干扰影响,标准钾溶液也需要用 1 mol/L NH_4Ac 配制。

三、实验仪器与试剂

(一)实验仪器

火焰光度计、往返式振荡机。

(二)实验试剂

(1)1 mol/L 中性醋酸铵溶液:称取化学纯醋酸铵 77.09 g,加水溶解定容至 1000 mL,调节 pH 为 7.0。

(2)钾标准溶液:准确称取烘干(105 ℃烘 4～6 小时)分析纯 KCl 1.9068 g 溶于水中,定容至 1000 mL 即含钾为 1000 mg/kg,由此溶液稀释成 500 mg/kg 或 100 mg/kg。

四、实验步骤

(1)称取通过 1 mm 筛孔的风干土 5 g(精确到 0.01 g)于 100 mL 三角瓶中,加入 50 mL 1 mol/L 中性醋酸铵液,塞紧橡皮塞,振荡 15 分钟立即过滤,将滤液同钾标准系列液在火焰光度计上测其钾的光电流强度。

(2)钾标准曲线的绘制:将 500 mg/kg 或 100 mg/kg 钾标准液稀释成 0 mg/kg、1 mg/kg、3 mg/kg、5 mg/kg、10 mg/kg、15 mg/kg、20 mg/kg、30 mg/kg、50 mg/kg 钾系列液(用 1 mol/L 中性醋酸铵液稀释定容,以抵消醋酸铵的干扰),以浓度为横坐标,光电流强度为纵坐标,绘制曲线。

五、数据处理

$$速效钾（mg/kg）=\frac{查得的\ mg/kg\ 数\times V}{W}$$

式中，查得的 mg/kg 数——从标准曲线上查出相对应的 mg/kg 数；

　　　　V——加入浸提剂的毫升数；

　　　　W——土样烘干重，g。

六、注意事项

土样中加入醋酸铵溶液后，不宜放置过久，否则可能有部分矿物钾转入溶液中，使土壤中的速效钾量偏高。土壤速钾参考指标见表 32-1。

表 32-1　土壤速钾参考指标

土壤速钾的含量/（mg/kg）	等级
＜30	极低
30～60	低
60～100	中
100～160	高
＞160	极高

4.8　实验三十三　土壤水稳性团粒结构的测定

一、实验目的

土壤团粒结构状况是鉴定土壤肥力的指标之一。有良好团粒结构的土壤，不仅具有高度的孔隙度和持水性，而且还有良好的透水性，水分可以沿着大孔隙毫无阻碍地渗入土壤，从而减少地表径流，降低土壤受侵蚀的程度。

二、实验原理

通过观察放在水中的同一粒级（如 2～3 mm）的团粒遭受破坏和散碎所需要的时间，来分析比较不同土壤团粒的水稳度。

三、实验仪器

培养皿、滤纸、铁纱网、滴管、小镊子、烧杯(50 mL)、土壤筛等。

四、实验步骤

取滤纸一张,用铅笔画上适度大小的方格50格,放在铁纱网上,然后放于培养皿中,另画同样方格纸一张作记录用。

取直径2～3 mm的团粒50粒两份,依次放在已装置好的滤纸上的每一方格中。用滴管加水,将滤纸边缘浸湿,使滤纸和铁纱网紧贴在一起。然后用滴管沿皿壁慢慢加水使团粒在3 min内为水所饱和,直到水将团粒浸没。

团粒一经浸没就开始记下时间,以后每隔1 min记录一次被破坏的团粒数目,一直进行到第11 min才停止观察。计算经过一定时间(11 min)以后,仍未散开的团粒数目,即为团粒的水稳度。同样的测定重复一次。

五、数据处理

$$团粒结构水稳度(\%)=\frac{11\ min后仍保持团粒状态的粒数}{供试团粒总数}\times100\%$$

六、注意事项

本法需进行两次平行测定,在某些情况下,需进行多次重复操作,平行误差不超过3%。

4.9　实验三十四　土壤有机质的测定

一、实验目的

土壤有机质含量是衡量土壤肥力的重要指标,它直接影响着土壤的保肥性、保墒性、缓冲性、耕性、通气状况等,对培肥、改土有一定的指导意义。

通过实验了解土壤有机质测定原理,初步掌握测定有机质含量的方法及注意事项;能比较准确地测出土壤有机质含量。

二、实验原理

在加热条件下,用稍过量的标准重铬酸钾-硫酸溶液氧化土壤有机碳,剩余的重铬酸钾用标准 $FeSO_4$ 滴定,由所消耗的硫酸亚铁量计算出有机碳量,从而推算出有机质的含量,其反应式如下:

$$2K_2Cr_2O_7 + 5C + 8H_2SO_4 = K_2SO_4 + 2Cr_2(SO_4)_3 + 5CO_2 + 8H_2O$$

$$K_2Cr_2O_7 + 6FeSO_4 + 7H_2SO_4 = K_2SO_4 + Cr_2(SO_4)_3 + 3Fe_2(SO_4)_3 + 7H_2O$$

用 Fe^{2+} 滴定剩余的 $K_2Cr_2O_7$ 时,以邻菲啰啉($C_{12}H_8N_2$)为指示剂,在滴定过程中指示剂的变色过程如下:开始时溶液以重铬酸钾的橙色为主,此时指示剂在氧化条件下,呈淡蓝色,被重铬酸钾的橙色掩盖,滴定时溶液逐渐呈绿色(Cr^{3+}),至接近终点时变为灰绿色。当 Fe^{2+} 溶液过量半滴时,溶液则变成棕红色,表示已到终点。

三、实验仪器与试剂

(一)实验仪器

硬质试管、油浴锅、铁丝笼、电炉、温度计、分析天平、酸式滴定管、移液管、漏斗、三角瓶、量筒、草纸、洗瓶、试管夹。

(二)实验试剂

(1)0.1333 mol/L 重铬酸钾标准溶液:称取经过 130 ℃ 烘烧 3～4 h 的分析纯重铬酸钾 39.216 g,溶解于 400 mL 蒸馏水中,加热溶解,冷却后加蒸馏水定容到 1 L,备用。

(2)0.2 mol/L 硫酸亚铁或硫酸亚铁铵溶液:称取化学纯硫酸亚铁 55.60 g 或硫酸亚铁铵 78.43 g,溶于蒸馏水中,加 6 mol/L H_2SO_4 1.5 mL,用蒸馏水定容到 1 L 备用。

(3)酸亚铁溶液的标定:准确吸取 3 份 0.1333 mol/L $K_2Cr_2O_7$ 标准溶液各 5.0 mL 于 250 mL 三角瓶中,各加 5 mL 6 mol/L H_2SO_4 和 15 mL 蒸馏水,加入邻菲啰啉指示剂 3～5 滴,摇匀,然后用 0.2 mol/L $FeSO_4$ 溶液滴定至棕红色为止,其浓度计算为:

$$c = \frac{6 \times 0.1333 \times 5.0}{V}$$

式中,c——硫酸亚铁溶液物质的量浓度,mol/L;

　　V——滴定用去硫酸亚铁的体积,mL;

　　6——6 mol $FeSO_4$ 与 1 mol $K_2Cr_2O_7$ 完全反应的摩尔系数比值。

(4)邻菲啰啉指示剂:称取化学纯硫酸亚铁 0.659 g 和分析纯邻菲啰啉 1.485 g 溶于 100 mL 蒸馏水中,贮于棕色瓶中。

(5)石蜡:固体,或磷酸或植物油。

(6)6 mol/L 硫酸溶液:在两体积水中加入一体积浓硫酸。

(7)浓 H_2SO_4:化学纯,相对密度 1.84。

四、实验步骤

(1)准确称取过 60 目筛的风干土样 0.1000～0.5000 g(称量多少依有机含量而定),放入清洁干燥硬质试管中,用移液管准确加入 0.1333 mol/L 重铬酸钾溶液 5.00 mL,再用量筒加入浓硫酸 5 mL,小心摇匀。

(2)将试管插入铁丝笼内,放入预先加热至 185～190 ℃间的油浴锅中,此时温度控制在 170～180 ℃之间,自试管内大量出现气泡时开始计时,保持溶液沸腾 5 min,取出铁丝笼,待试管稍冷却后,用草纸擦拭干净试管外部油液,冷却。

(3)经冷却后,将试管内容物洗入 250 mL 的三角瓶中,使溶液的总体积达 60～80 mL,加入邻菲啰啉指示剂 3～5 滴摇匀。

(4)用标准的硫酸亚铁溶液滴定,溶液颜色由橙色(或黄绿色)经绿色、灰绿色变到棕红色即为终点。

(5)在滴定样品的同时,同时做两个空白实验,取其平均值。空白实验用石英砂或灼烧的土代替土样,其余操作相同。

五、数据处理

$$有机质 = c\,\frac{(V_0 - V) \times 0.003 \times 1.724 \times 1.1}{风干样重 \times 水分系数} \times 100\%$$

式中,c——硫酸亚铁消耗物质的量浓度,mol/L;

V_0——空白实验消耗的硫酸亚铁溶液的体积,mL;

V——滴定待测土样消耗的硫酸亚铁的体积,mL;

0.003——1/4 mmol 碳的克数;

1.724——由土壤有机碳换算成有机质的换算系数;

1.1——校正系数(用此法氧化率为 90%)。

六、注意事项

(1)土壤有机质含量为 7%～15%时,可称取 0.1000 g;2%～4%时可称取 0.3000 g;少于 2%时的,称取 0.5000 g 以上。

(2)消煮时计时要准确,因为对分析结果的准确有较大的影响。

(3)对含氮化物多的土壤样品,应加入 0.1 mol/L 左右的硫酸银,以消除氯化物的干扰。

(4)测定水稻土时,需磨细样品,风干十余天,使还原性物质充分氧化后,再测定。

(5)烧煮完毕后,溶液的颜色为橙黄色或黄绿色。若是以绿色为主,说明重铬酸钾用量不足。若在滴定时,消耗硫酸亚铁量小于空白 1/3,应重做,说明土壤中有机碳没有完全氧化。

（6）当土壤样品中存留植物根、茎、叶等有机物时，必须用尖头镊子挑选干净。

（7）油浴时，最好选用磷酸代替植物油，它易于洗涤，污染少，同时也便于观察。

七、土壤有机质含量参考指标

土壤有机质含量参考指标见表 34-1。

表 34-1　土壤有机质含量参考指标

土壤有机质含量/%	丰缺程度
≤1.5	极低
1.6～2.5	低
2.6～3.5	中
3.6～5.0	高
>5	极高

八、思考与讨论

（1）重铬酸钾容量法测定土壤有机质的原理是什么？

（2）测定土壤有机质时，加入 K_2CrO_7 和 H_2SO_4 的作用是什么？

4.10　实验三十五　土壤铜和锌的测定

铜和锌是动植物和人体必需的微量元素，可在土壤中积累，当其浓度超过最高允许浓度时，将会导致土壤污染，危害作物，影响人体健康。常用火焰原子吸收分光光度法（GB/T 17138—1997）测定土壤中的铜和锌。

一、实验原理

采用 $HCl-HNO_3-HF-HClO_4$ 全分解方法彻底破坏土壤矿物晶格，使试样中待测的铜和锌元素全部进入试液中。然后将土壤消解液喷入空气-乙炔火焰中，铜和锌化合物在火焰原子化系统中离解为基态原子，该基态原子蒸气对相应的空心阴极灯发射的特征谱线产生选择性吸收，选择合适的测量条件测定铜、锌的吸光度，吸光度与浓度成正比。

二、实验试剂

(1)浓盐酸(HCl,优级纯,$\rho=1.19$ g/mL)。

(2)浓硝酸(HNO₃,优级纯,$\rho=1.42$ g/mL)。

(3)氢氟酸(HF,优级纯,$\rho=1.49$ g/mL)。

(4)高氯酸(HClO₄,优级纯,$\rho=1.48$ g/mL)。

(5)2%硝酸溶液和0.2%硝酸溶液。

(6)5%硝酸镧溶液。

(7)1.000 mg/mL 铜标准贮备液:购自国家标准物质中心。

(8)1.000 mg/mL 锌标准贮备液:购自国家标准物质中心。

(9)铜和锌的混合标液:铜 20 mg/L、锌 10 mg/L,用 0.2%硝酸溶液逐级稀释 1.000 mg/mL 的铜和锌标准贮备液配制而得。

三、实验仪器及测量条件

(1)铜空心阴极灯。

(2)锌空心阴极灯。

(3)原子吸收分光光度计。

(4)乙炔钢瓶。

(5)空气压缩机。

(6)聚四氟乙烯坩埚。

(7)电热板。

(8)仪器测量条件:不同型号原子吸收分光光度计的最佳测试条件有所不同,可根据仪器使用说明书自行选择测量条件。GB/T 17138—1997 推荐的铜和锌仪器测量条件列于表 35-1。

表 35-1　铜和锌的仪器测量条件

元素	测定波长/nm	通带宽度/nm	灯电流/mA	火焰性质	其他可测定波长/nm
铜	324.8	1.3	7.5	氧化性	327.4,225.5
锌	213.8	1.3	7.5	氧化性	307.6

四、实验步骤

(一)土壤样品的消解

采用 HCl-HNO₃-HF-HClO₄ 混合酸消解。准确称取已过 100 目尼龙筛的风干土样

0.2～0.5 g(准确至 0.0002 g)于 50 mL 聚四氟乙烯坩埚中,用水润湿后加入 10 mL 浓盐酸,于通风橱内的电热板上低温加热,使样品初步分解,待蒸发至约剩 3 mL 时,取下稍冷,然后加入 5 mL 浓硝酸、5 mL 氢氟酸、3 mL 高氯酸,加盖后于电热板上中温加热。1 h 后,开盖,继续加热除硅。为了达到良好的除硅效果,应经常摇动坩埚,当加热至冒浓厚白烟时,加盖,使黑色有机物分解。待坩埚上的黑色有机物消失后,开盖驱赶高氯酸白烟直至内容物呈黏稠状。

根据消解情况,消解过程可适当补加浓硝酸、氢氟酸和高氯酸。重复上述消解过程,直至样品完全溶解,得到清亮溶液。当白烟基本冒尽且坩埚内容物呈黏稠状时,取下稍冷,用水冲洗坩埚盖和内壁,并加入 1 mL 2％硝酸溶液温热溶解残渣。然后将溶液转移至 50 mL 容量瓶中,加入 5 mL 5％硝酸镧溶液,冷却后用 0.2％硝酸溶液定容,备用。

由于土壤种类较多,所含有机质差异较大,在消解时,要注意观察,各种酸的用量可视消解情况酌情增减。土壤消解液应为白色或淡黄色液体,没有明显沉淀物存在。消解时电热板温度不宜过高,否则会使聚四氟乙烯坩埚变形。

(二)空白实验

用去离子水代替试液,采用和土壤样品消解相同的步骤和试剂,制备全程序空白溶液。每批样品制备 2 个以上的全程序空白溶液。

(三)标准曲线的绘制

在 6 个 50 mL 容量瓶中,各加入 5 mL 5％硝酸镧溶液,用 0.2％硝酸溶液稀释混合标准使用液,配制至少 5 个标准工作溶液,其浓度范围应包括试液中铜、锌的浓度。铜和锌混合标准溶液浓度参考表 35-2。

表 35-2　铜和锌混合标准溶液浓度

序号	1	2	3	4	5	6
混合标准使用液加入体积/mL	0	0.50	1.00	2.00	3.00	5.00
混合标准溶液中铜的浓度/(mg/L)	0	0.20	0.40	0.80	1.20	2.00
混合标准溶液中锌的浓度/(mg/L)	0	0.10	0.20	0.40	0.60	1.00

按仪器使用说明书,调节仪器至最佳工作条件,按由低到高的浓度分别测定铜和锌标准系列吸光度,用减去空白后的吸光度与相对的元素含量(mg/L)绘制标曲线。

(四)样品测定及结果计算

按照测定标准溶液相同的仪器工作条件,测定样品溶液和全程序空白溶液的吸光度。
土壤中铜和锌的含量 $W(Cu、Zn, mg/kg, 烘干基)$ 按照下式计算:

$$W = \frac{cV}{m(1-f)}$$

式中,c——样品溶液的吸光度减去空白实验的吸光度,在标准曲线上查得铜、锌的含量,
mg/L;

V——样品消解后的定容体积,mL;

m——称取风干土样的质量,g;

f——土壤样品的水分含量(质量分数)。

4.11 实验三十六 土壤总汞的测定

汞及其化合物属于剧毒物质。天然土壤中汞的含量很低,一般为 $0.1 \sim 15$ mg/kg。汞及其化合物一旦进入土壤,绝大部分被耕层土壤吸附固定。当土壤中汞积累量超过《土壤环境质量 农用地土壤污染风险管控标准》(GB 15618—2018)规定的农用地土壤污染风险筛选值时,生长在该土壤上的农作物中汞的含量存在超过食用标准的风险。

土壤总汞测定的标准方法包括微波消解-原子荧光法(HJ 680—2013)、原子荧光法(GB/T 22105.1—2008)和冷原子吸收分光光度法(GB/T 17136—1997)。本实验介绍原子荧光法测定土壤总汞。

一、实验原理

采用硝酸盐酸混合试剂在沸水浴中加热消解土壤,再用硼氢化钾(KBH_4)或硼氢化钠($NaBH_4$)将样品中所含汞还原成原子态汞,由载气(氩气)导入原子化器中;在特制汞空心阴极灯照射下,基态汞原子被激发至高能态,在去活化回到基态时,发射出特征波长的荧光,其荧光强度与汞的含量成正比,与标准系列比较,求得样品中汞的含量。

二、实验试剂

本部分所使用的试剂除另有说明外,均为分析纯试剂,试剂用水为去离子水。

(1)浓盐酸(HCl):优级纯。

(2)浓硝酸(HNO_3):优级纯。

(3)浓硫酸(H_2SO_4):优级纯。

(4)氢氧化钾(KOH):优级纯。

(5)硼氢化钾(KBH_4):优级纯。

(6)重铬酸钾($K_2Cr_2O_7$):优级纯。

(7)氯化汞($HgCl_2$):优级纯。

(8)硝酸-盐酸混合试剂:取 1 份浓硝酸与 3 份浓盐酸混合,然后用去离子水稀释一倍。

（9）还原剂：称取 0.2 g 氢氧化钾放入烧杯中，用少量水溶解，称取 0.01 g 硼氢化钾放入氢氧化钾溶液中用水稀释至 100 mL，此溶液临用现配。

（10）载液（硝酸 1＋19）：量取 25 mL 浓硝酸，缓缓倒入放有少量去离子水的 500 mL 容量瓶中，用去离子水定容至刻度，摇匀。

（11）保存液：称取 0.5 g 重铬酸钾，用少量水溶解，加入 50 mL 浓硝酸，用水稀释至 1000 mL，摇匀。

（12）稀释液：称取 0.2 g 重铬酸钾，用少量水溶解，加入 28 mL 浓硫酸，用水稀释至 1000 mL，摇匀。

（13）汞标准贮备液：称取 0.1354 g 经干燥处理的氯化汞，用保存液溶解，转移至 1000 mL 容量瓶中再用保存液稀释至刻度，摇匀。此标准溶液汞的浓度为 100 μg/mL。

（14）汞标准中间液：吸取 10.00 mL 汞标准贮备液注入 1000 mL 容量瓶中，用保存液稀释至刻度，摇匀。此标准溶液汞的浓度为 1.00 μg/mL。

（15）汞标准工作液：吸取 2.00 mL 汞标准中间液注入 100 mL 容量瓶中，用保存液稀释至刻度，摇匀。此标准溶液汞的浓度为 0.02 μg/mL。

三、实验仪器及测量条件

（1）原子荧光光度计。
（2）汞空心阴极灯。
（3）水浴锅。
（4）具塞比色管（50 mL）。
（5）仪器参考条件：不同型号原子荧光光度计的最佳测试条件有所不同，可根据仪器使用说明书自行选择测量条件。国标 GB/T 22105.1—2008 推荐的汞仪器测量条件列于表 36-1。

表 36-1　仪器参数设定

仪器参数	设定值或选项	仪器参数	设定值或选项
负高压/V	280	加热温度/℃	200
A 道灯电流/mA	35	载气流量/(mL/min)	300
B 道灯电流/mA	0	屏蔽器流量/(mL/min)	900
观测高度	8	测量方法	标准曲线
读数方式	峰面积	读数时间/s	10
延迟时间/s	1	测量重复次数	2

四、实验步骤

（一）土壤样品的消解

称取经风干、研磨并过 100 目筛的土壤样品 0.2～1.0 g（精确至 0.0002 g）于 50 mL

具塞比色管中,加少许水润湿样品,加入 10 mL 硝酸-盐酸混合试剂(1+1),加塞后摇匀,于沸水浴中消解 2 h,取出冷却,立即加入 10 mL 保存液,用稀释液稀释至刻度,摇匀后放置,取上清液待测。

(二)空白实验

用去离子水代替试样,采用和土壤样品消解相同的步骤和试剂,制备全程序空白溶液。每批样品制备 2 个以上的全程序空白溶液。

(三)标准曲线的绘制

分别准确吸取 0 mL、0.50 mL、1.00 mL、2.00 mL、3.00 mL、5.00 mL、10.00 mL 汞标准工作液,置于 7 个 50 mL 容量瓶中,加入 10 mL 保存液,用稀释液稀释至刻度,摇匀,即得汞含量分别为 0 ng/mL、0.20 ng/mL、0.40 ng/mL、0.80 ng/mL、1.20 ng/mL、2.00 ng/mL、4.00 ng/mL 的标准系列溶液。

将仪器调至最佳工作条件,在还原剂和载液的带动下,测定标准系列各点的荧光强度。以浓度为横坐标,荧光强度为纵坐标,绘制标准曲线。

(四)样品测定及结果计算

按照测定标准溶液相同的仪器工作条件,测定样品溶液和全程序空白溶液的荧光强度。土壤中总汞的含量 W(mg/kg,烘干基),按照下式计算:

$$W = \frac{(c - c_0) \times V}{m \times (1 - f) \times 1000}$$

式中,c——从标准曲线查得的样品溶液汞元素浓度,ng/mL;

$\quad c_0$——从标准曲线查得的空白溶液测定浓度,ng/mL;

$\quad V$—— 样品消解后的定容体积,mL;

$\quad m$——称取风干土样的质量,g;

$\quad f$——土壤样品的水分含量(质量分数);

$\quad 1000$——将 ng 换算成 μg 的系数。

五、注意事项

(1)操作中要注意检查全程序的实际空白,如发现试剂或器皿被污染,应重新处理。

(2)硝酸-盐酸体系不仅氧化能力强,使样品中大量有机物得以分解,而且也能提取各种无机态汞。因为在盐酸存在的条件下,大量 Cl^- 与 Hg^{2+} 作用形成稳定的 $[HgCl_4]^{2-}$ 配离子,可抑制汞的吸附和挥发,所以应避免用沸腾的硝酸-盐酸混合试剂处理样品,以防止汞以氯化物的形式损失。

(3)样品消解完毕,通常要加保存液并以稀释液定容,以防止汞损失。样品试液宜尽早测定,一般情况下只允许保存 2~3 d。

4.12 实验三十七 土壤总砷的测定

砷为一类致癌物,容易在人体内积累。土壤砷污染不仅对农作物生长产生抑制作用,还会导致农作物中砷含量增加,从而危害人和动物健康。

土壤总砷的测定标准方法有原子荧光法(GB/T 22105.2—2008)、硼氢化钾-硝酸银分光光度法(GB/T 17135—1997)和二乙基二硫代氨基甲酸银光度法(GB/T 17134—1997),本实验介绍二乙基二硫代氨基甲酸银光度法测定土壤中的砷。

一、实验原理

用 H_2SO_4-HNO_3-$HClO_4$ 氧化体系消解样品,将土壤中各种形态的砷转化为五价可溶态砷,锌与酸作用,产生新生态氢,在碘化钾和氯化亚锡存在下,五价还原为三价砷,三价砷被新生态氢还原成气态砷化氢(胂)。用二乙基二硫代氨基甲酸银-三乙醇胺的三氯甲烷溶液吸收砷化氢,生成红色胶体银,在 510 nm 波长处,测定吸收液的吸光度。

二、实验试剂

(1)浓硫酸(H_2SO_4):优级纯。

(2)浓硝酸(HNO_3):优级纯。

(3)高氯酸($HClO_4$):优级纯。

(4)碘化钾(KI)溶液:将 15 g 碘化钾(KI)溶于蒸馏水并稀释至 100 mL。

(5)氯化亚锡溶液:将 40 g 氯化亚锡($SnCl_2 \cdot 2H_2O$)置于烧杯中,加入 40 mL 浓盐酸,微微加热。待完全溶解后,冷却,再用蒸馏水稀释至 100 mL。

(6)硫酸铜溶液:将 15 g 五水硫酸铜($CuSO_4 \cdot 5H_2O$)溶于蒸馏水中并稀释至 100 mL。

(7)乙酸铅棉:将 10 g 脱脂棉浸于 100 mL 10%(质量分数)乙酸铅溶液中,0.5 h 后取出,拧去多余水分,在室温下自然晾干,装瓶备用。

(8)无砷锌粒。

(9)吸收液:将 0.25 g 二乙基二硫代氨基甲酸银用少量三氯甲烷溶成糊状,加入 2 mL 三乙醇胺,再用三氯甲烷稀释到 100 mL。用力振荡使其尽量溶解,静置于暗处 24 h 后,倾出上清液或用定性滤纸过滤,贮于棕色玻璃瓶中,保存在 2~5 ℃冰箱中。

(10)砷标准贮备液:称取 0.1320 g 三氧化二砷(于 110 ℃烘 2 h),置于 50 mL 烧杯中,加 2 mL 20%(质量分数)氢氧化钠溶液,搅拌溶解后,再加 10 mL 1 mol/L 硫酸溶液,转入 100 mL 容量瓶中。用水稀释至标线,混匀。此溶液含砷 1.00 mg/mL。

(11)砷标准中间液(100 mg/L):取 10.00 mL 砷标准贮备液于 100 mL 容量瓶中,用蒸馏水稀释至标线,摇匀。

(12)砷标准使用液(1.00 mg/L):取 1.00 mL 砷标准中间液于 100 mL 容量瓶中,用蒸馏水稀释至标线,摇匀。临用时配制。

(13)三氯甲烷($CHCl_3$)。

三、实验仪器

(1)可见光分光光度计(配 1 cm 比色皿)。

(2)砷化氢发生与吸收装置。

(3)高型烧杯(250 mL)。

(4)电热板。

四、实验步骤

(一)样品的预处理

称取过 100 目筛的风干土样 0.5～2 g(可根据样品含砷量而定,准确至 0.1 mg),置于 250 mL 高型烧杯中,分别加 7 mL 浓硫酸、10 mL 浓硝酸和 2 mL 高氯酸,置电热板上加热分解(若试液颜色变深,应及时补加硝酸),蒸至冒白色高氯酸浓烟。取下放冷,用水冲洗瓶壁,再加热至冒浓白烟,以驱尽硝酸。取下锥形瓶,瓶底仅剩下少量白色残渣(若有黑色颗粒物,应补加浓硝酸继续分解),加蒸馏水至约 50 mL。

同时做全程序空白实验。以实验用水代替土样样品,按上述过程完成全程序空白实验。

(二)样品的测定

(1)砷化氢为剧毒气体,在实验开始前,应对砷化氢发生与吸收装置进行气密性检查,确保连接管路完好,以防漏气。正式实验可在通风橱内进行。

(2)于盛有试液的砷化氢发生器中,加 4 mL 碘化钾溶液,摇匀,再加 2 mL 氯化亚锡溶液,混匀,放置 15 min。

(3)取 5.00 mL 吸收液至吸收管中,插入导气管。

(4)加 1 mL 硫酸铜溶液和 4 g 无砷锌粒于砷化氢发生器中,并立即将导气管和砷化氢发生瓶连接,保证反应器气密性。

(5)在室温下.维持反应 1 h,使砷化氢完全释出。加三氯甲烷将吸收液体积补充至5.0 mL。

(6)用 1 cm 比色皿,以吸收液为参比液,在 510 nm 波长处测量样品溶液和空白溶液的吸光度。

(7)将样品溶液的吸光度减去空白实验所测得的吸光度,从工作曲线上查出试样中的砷含量。

（三）标准曲线的绘制

分别加入 0 mL、1.00 mL、2.50 mL、5.00 mL、10.00 mL、15.00 mL、20.00 mL 及 25.00 mL 砷标准使用液于 8 个砷化氢发生瓶中，并用蒸馏水稀释至 50 mL。加入 7 mL 硫酸溶液（1＋1），按样品溶液测定步骤测量吸光度。

以测得的吸光度为纵坐标，对应的砷含量（μg）为横坐标，绘制标准曲线。

五、数据处理

土样中总砷的含量 W（As，mg/kg，烘干基），按照下式计算：

$$W = \frac{m'}{m(1-f)}$$

式中，m'——测得样品溶液中砷质量，μg；

$\quad m$——称取风干土样的质量，g；

$\quad f$——土壤样品的水分含量（质量分数）。

六、注意事项

（1）三氧化二砷为剧毒药品（俗称砒霜），用时要小心。

（2）U 形管中乙酸铅棉的填充必须松紧适当，均匀一致。

（3）反应时，若反应管中有泡沫产生，加入适量乙醇即可消除。

4.13　实验三十八　校区后山土壤环境质量监测方案的制定（土壤环境质量监测与评价）

一、实验提要

土壤是指陆地表面具有肥力、能够生长植物的疏松表层，其厚度一般在 2 m 左右。土壤不但为植物生长提供机械支撑能力，而且为植物生长发育提供所需要的水、肥、气、热等肥力要素。近年来，由于人口增长，工业迅猛发展，固体废物不断在土壤表面堆放和倾倒，有害废水不断向土壤中渗透，大气中的有害气体及飘尘也不断随雨水降落在土壤中，导致土壤污染。污染物进入土壤的途径是多样的，废气中含有的污染物质，特别是颗粒物，在重力作用下沉降到地面进入土壤，废水中携带大量污染物进入土壤，固体废物中的污染物直接进入土壤或其渗出液进入土壤。污水灌溉是土壤污染的来源之一。农业生产中农药、化肥的大量使用，会造成土壤有机质含量下降、土壤板结，也会造成土壤污染。土壤污染除导致土壤质量下降、农作物产量和品质下降外,更为严重的是土壤对污染物具有富集作用,一些毒性大的污染物,如汞、镉等富集到作物果实中,人或牲畜食用后会发生中毒。因此,对土壤进行质量监测是十分必要的。

本实验为设计性综合实验,其内容包括基础资料收集、采样点布设、确定监测项目和监测方法、数据处理及土壤环境质量评价等。

二、实验目的

(1)掌握土壤环境质量调查监测方案的制定方法。

(2)熟悉土壤样品的采集和预处理技术。

(3)了解土壤环境质量监测基本项目。

(4)掌握土壤环境污染因子的监测方法,并能够结合相关环境标准正确评价调查区域的土壤环境质量。

三、实验内容

(一)基础资料的收集

广泛地收集相关资料,有利于科学布设监测点及后续监测工作,并为土壤环境质量评价提供指导,主要包括自然环境和社会环境两个方面的资料。

(1)自然环境:土壤类型、植被、土地利用、区域土壤元素背景值、水系、自然灾害、水土流失、地下水、地质、地形地貌、气象等。

(2)社会环境:工农业生产布局、工业污染源种类及分布、污染物种类及排放途径和排放量、农药和化肥使用状况、污水灌溉及污泥施用状况、人口分布、地方病等。

(二)监测项目

根据监测目的确定监测项目。例如,背景值调查研究是为了了解土壤中各种元素的含量水平,要求测定项目较多;污染事故监测仅测定可能造成土壤污染的项目;土壤质量监测测定影响自然生态和植物正常生长及危害人体健康的项目。我国土壤污染常规监测项目有:

(1)金属化合物:镉、铬、铜、汞、铅、锌。

(2)非金属无机化合物:砷、氰化物、氟化物、硫化物等。

(3)有机化合物:苯并芘、三氯乙醛、油类、挥发酚、DDT(滴滴涕)、六六六(六氯环己烷)等。

(三)采样器具准备

(1)工具类:铁锹、铁铲、圆状取土钻、螺旋取土钻、竹片及适合特殊采样要求的工具等。

(2)器材类:GPS、数码照相机、卷尺、样品袋、样品箱等。

（3）文具类：标签纸、采样记录表、铅笔、资料夹等。

（四）采样点数量及布设方法

1. 采样点数量

采样点数量要根据监测目的、区域范围大小及环境状况等因素确定。监测区域大，区域环境状况复杂，布设采样点就要多；监测范围小，环境状况差异小，布设采样点数量就少。一般每个采样单元最少设 3 个采样点。

2. 采样点布设方法

（1）对角线布点法：适用于面积较小、地势平坦的污水灌溉或污染河水灌溉的田块。由田块进水口引一对角线，对角线至少 5 等分，等分点即为采样点，如图 38-1（a）所示。若土壤差异性大，可增加采样点。

（2）梅花形布点法：适用于面积较小、地势平坦、土壤物质和污染程度较均匀的地块。中心分点设在地块两对角线相交处，一般设 5～10 个采样点，如图 38-1（b）所示。

（3）棋盘式布点法：适用于中等面积、地势平坦、地形完整开阔，但土壤较不均匀的地块，一般设 10 个以上采样点，如图 38-1（c）所示。该法也适用于受固体废物污染的土壤，因为固体废物分布不均匀，应设 20 个以上采样点。

（4）蛇形布点法：适用于面积较大、地势不很平坦、土壤不够均匀的田块。布设采样点数目较多，如图 38-1（d）所示。

（5）放射状布点法：适用于大气污染型土壤。以大气污染源为中心，向周围画射线，在射线上布设采样点。在主导风向的下风向适当增加分点之间的距离和采样点的数量，如图 38-1（e）所示

（6）网格布点法：适用于地形平缓的地块。将地块划分成若干均匀网状方格，采样点设在两条直线的交点处或方格的中心，如图 38-1（f）所示。对农用化学物质污染型土壤及土壤背景值调查常用这种方法。

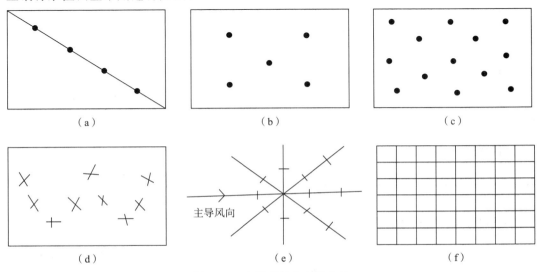

图 38-1 土壤采样点布设方法

对于综合污染型土壤,还可以采用两种或两种以上布点方法相结合的方法。

(五)采样时间及采样频率

为了解土壤污染状况,可随时采集样品进行测定。如需同时掌握在土壤上生长的作物受污染状况,可依季节变化或作物收获期采集。《农田土壤环境监测技规范》规定,一般土壤在农作物收获期采样测定,必测项目一年测定一次,其他项目3～5年测定一次。

(六)样品分析方法

见表38-1。

表 38-1　土壤质量监测分析方法(必测物质部分)

监测项目		监测分析方法	方法来源
必测物质	镉	石墨炉原子吸收分光光度法	GB/T 17141—1997
		KI-MIBK 萃取原子吸收分光光度法	
	总汞	冷原子荧光法	中国环境监测总站
		冷原子吸收法	GB/T 17136—1997
	总砷	二乙基二硫代氨基甲酸银分光光度法	GB/T 17134—1997
		硼氢化钾-硝酸银分光光度法	GB/T 17135—1997
		氢化物-原子荧光法	中国环境监测总站
	铜	火焰原子吸收分光光度法	GB/T 17138—1997
	铅	石墨炉原子吸收分光光度法	GB/T 17141—1997
		KI-MIBK 萃取原子吸收分光光度法	GB/T 17140—1997
	总铬	火焰原子吸收分光光度法	GB/T 17137—1997
		二苯碳酰二肼分光光度法	中国环境监测总站
	锌	火焰原子吸收分光光度法	GB/T 17138—1997
	镍	火焰原子吸收分光光度法	GB/T 17139—1997
	六六六	气相色谱法	GB/T 14550—1997
	滴滴涕	气相色谱法	GB/T 14550—1997
	pH	pH 玻璃电极法	中国环境监测总站

(七)土壤质量评价

土壤质量评价以单项污染指数为主。当区域内土壤质量作为一个整体与外区域土壤质量比较时,或一个区域内土壤质量在不同历史阶段比较时,应用综合污染指数评价。

$$土壤单项污染指数 = \frac{污染物实测值}{污染物质量标准值(污染物背景值)}$$

$$土壤综合污染指数 = \sqrt{\frac{(平均单项污染指数)^2 + (最大单项污染指数)^2}{2}}$$

综合污染指数全面反映各污染物对土壤的不同作用,同时又突出高浓度污染物对土壤环境质量的影响,适于用来评价土壤环境的质量等级,表38-2所列为《农田土壤环境质量监测规范》划定的土壤污染分级标准。

表38-2　农田土壤污染分级标准

土壤级别	综合污染指数 ($P_综$)	污染等级	污染水平
1	$P_综 \leqslant 0.7$	安全	清洁
2	$0.7 < P_综 \leqslant 1.0$	警戒限	尚清洁
3	$1.0 < P_综 \leqslant 2.0$	轻污染	土壤污染超过背景值,作物开始污染
4	$2.0 < P_综 \leqslant 3.0$	中污染	土壤、作物均受到中度污染
5	$P_综 > 3.0$	重污染	土壤、作物受污染已相当严重

(八)注意事项

(1)采样现场填写土壤样品标签、采样记录、样品登记表。土壤样品标签(表38-3)一式两份,1份放入样品袋内,1份扎在袋口。

表38-3　土壤样品标签

土壤样品标签	
样品标号	业务代号
样品名称	
土壤类型	
监测项目	
采样地点	
采样深度	
采样人	采样时间

(2)测定重金属的样品,尽量用竹铲、竹片直接采集样品。

四、学习案例

近30年来,随着经济和城市化的快速发展,大量城市和工业污染物向农村和农业环境转移,加上化肥、农药的不合理施用,使得土壤环境污染物种类和数量、发生的地域和规模、危害特点等都发生了很大变化。而且长期以来,我国开展的环境监测与评价的研究和实践工作多数集中在城市及其周边地区,开展农村环境质量监测与评价的研究和实践较少,尤其农村土壤环境质量的定点长期监测与评价几乎处于空白。

我们监测和研究的村庄靠近矿区,以种植业为主,水稻、果蔗、果树为其支柱产业,林业产值和劳务输出收入也是其主要的经济来源;村庄大多为祖居村落,布局无序,规划不够合理,村庄巷道、排水沟渠缺乏铺装,硬化程度低,积水严重。未建垃圾处理设施,生活垃圾乱堆乱放,有的甚至直接倒入河中,严重影响村民生活质量。

(一)布点与采样

以村为单元,菜地布设 3 个监测点位,基本农田布设 3 个监测点位,选择两类重点污染场地各布设 3 个监测点位,共计监测 12 个点位。采集 0~20 cm 表层土壤。在 1 m² 内 5 点取样,等量均匀(四分法)混合后为 1 个样品,采样量为 1 kg。将取回的土样摊放在铺有洁净牛皮纸的实验台上风干,剔除石块残根等杂物,用木棍碾压,过 1 mm 尼龙筛,备用;取四分之一,进一步用玛瑙研钵研细,过 0.149 mm 尼龙筛,供分析测定用。

(二)监测指标

(1)土壤理化性质:pH、阳离子交换量。
(2)无机污染物:砷、镉、钴、铬、铜、汞、镍、铅、硒、锌等元素的含量。
(3)有机污染物:根据当地施用农药种类,监测六六六和滴滴涕有机氯农药。

(三)评价标准

土壤环境质量评价采用《土壤环境质量标准》(GB 15618—1995)二级标准和环境保护部《全国土壤污染状况评价技术规定》(环发〔2008〕39 号)中的评价标准。

(四)评价方法

1. 单因子指数法

$$土壤单项污染指数=\frac{污染物实测值}{污染物质量标准值(污染物背景值)}$$

2. 综合污染指数法

$$土壤综合污染指数=\sqrt{\frac{(平均单项污染指数)^2+(最大单项污染指数)^2}{2}}$$

(五)数据处理及统计分析

实验结果采用 Excel 和 SPSS 软件进行数据处理与统计分析,见表 38-4。

表38-4　土壤监测污染物含量

单位：mg/kg，n=12

项目	pH	CEC	铜	锌	镍	铅	铬	钴	镉	硒	汞	砷	六六六/(μg/kg)	滴滴涕/(μg/kg)
平均值	4.88	9.57	203.78	190.84	23.97	195.30	49.99	6.79	0.37	0.91	0.14	55.14	3.33	5.31
背景值	4.75	9.17	12.00	61.00	14.40	36.34	54.65	8.05	0.066	0.58	0.038	10.30	0.13	0.30
标准差	0.73	2.72	112.84	79.63	4.89	103.71	9.49	1.10	0.14	0.60	0.05	50.15	2.45	3.80
最大值	6.50	15.46	404.80	308.20	32.27	432.90	67.21	8.79	0.68	1.93	0.25	180.40	8.17	12.61
最小值	3.89	5.70	52.94	98.90	17.97	81.96	36.72	5.51	0.23	0.31	0.09	11.44	1.13	1.69
变异系数/%	14.87	28.44	55.38	41.73	20.41	53.10	18.99	16.19	37.82	65.74	25.78	90.95	73.67	71.68
超标率/%	—	—	75.0	33.3	0.0	33.3	0.0	0.0	58.3	41.7	0.0	58.3	0.0	0.0

注：CEC 为土壤阳离子交换量。

（六）污染物评价

1. 单项污染指数

见表 38-5。

表 38-5　土壤污染物单项污染指数

项目	单项污染指数 P_i											
	铜	锌	镍	铅	铬	钴	镉	硒	汞	砷	六六六	滴滴涕
平均值	3.82	0.95	0.60	0.78	0.23	0.17	1.23	0.91	0.48	1.84	0.01	0.01
最大值	8.10	1.54	0.81	1.73	0.41	0.22	2.27	1.93	0.82	6.01	0.02	0.03
最小值	0.35	0.49	0.45	0.33	0.15	0.14	0.76	0.31	0.29	0.38	0.00	0.00
超标率	75.0	33.3	0.0	33.3	0.0	0.0	58.3	41.7	0.0	58.3	0.0	0.0

2. 综合污染指数

见表 38-6。

表 38-6　土壤污染物综合污染指数

综合污染等级	综合污染指数	污染水平	样品数	占总样本百分数/%
1	$P_综 \leqslant 0.7$	安全	0	0
2	$0.7 < P_综 \leqslant 1.0$	警戒限	3	25.0
3	$1.0 < P_综 \leqslant 2.0$	轻污染	1	8.3
4	$2.0 < P_综 \leqslant 3.0$	中污染	3	25.0
5	$P_综 > 3.0$	重污染	5	41.7

五、思考与讨论

（1）土壤重金属污染项目应采用何种材质的采样器具采样？

（2）测定挥发性和不稳定组分能否用风干土壤样品？如果用新鲜土壤样品，如何保存鲜土？

第五章　物理性环境监测实验

5.1　实验三十九　校园环境噪声的测定

超过国家规定的环境噪声排放标准,并干扰他人正常生活、工作和学习的现象称为环境噪声污染。随着工业生产、交通运输、城市建设的发展,以及人口密度的增加、家庭设施的增多,环境噪声日益严重,已成为污染人类社会环境的一大公害。噪声具有局部性、瞬时性的特点,不仅会影响人们的听力,而且会对人的心血管系统、神经系统、内分泌系统产生不利影响。

一、实验目的

(1)掌握声级计的使用方法。
(2)掌握交通噪声、环境噪声的测量方法。

二、实验原理

由传声器将声音转换成电信号,再由前置放大器变换阻抗,使传声器与衰减器匹配。放大器将输入信号加到计权网络,对信号进行频率计权,然后经衰减器及放大器将信号放大到一定的幅值,送到有效值检波器,在指示表头上给出噪声声级的数值。

三、实验仪器

AZ8921型声级计。

四、测量条件

(一)气象条件

测量一般选在无雨、无雪的气候条件下进行(要求在有雨、雪等特殊条件下进行测量的情况除外)。风力在三级以上时,应采取必要措施避免风噪声干扰。

(二)测量地点的选定

测量点应选在市区交通干线一侧的人行道上,在公路交叉口 50 m 以外距离公路边缘 20 cm 处。这样该点的噪声可以用来代表两路口间段公路的噪声。

(三)手持仪器测量

为尽可能减少反射影响,要求传声器置于测点上方,离地面高 1.2 m,垂直指向公路,同时远离其他反射结构,如建筑物等。

五、声级计使用方法

(1)开关"ON/OFF"键。按下"ON/OFF"键开启声级计电源,预热机器大约 10 s,之后在声级计的屏幕中央会显示目前噪声量的数位读值,同时在 LCD 荧幕上端会有条码显示对目前音量的测量。

(2)设定频率加权"C/A"键。"A"表示 A 计权,"C"表示 C 计权,每次按下后荧幕后方会显示"A"或"C"。本实验中将声级计的"C/A"键调整到 A 计权网络。

(3)设定时间加权"F/S"键。此键可选择快速或慢速反应。每次按下后荧幕后方会显示"FAST"或"SLOW"。本实验中将声级计的"F/S"键调整到"S"挡。

(4)最大值锁定"MAXHOLD"键。在测量时按下此键,可使数位式读数值锁定,显示最大音量值,而条形码会继续显示目前音量读数值,再按可取消此功能。

(5)设定测量范围"Upper and Down"键。该声级计有三个测量范围,当开启电源时,设在自动换挡状态,此时仪器依照目前音量测量自动调整测量范围。如果设在手动换挡状态,使用"Upper and Down"键来调整测量范围。

六、实验步骤

(1)选取有代表性的测量点。每 4~5 人配置一台声级计,分别进行测量、记录和监视。

(2)将声级计的"F/S"键调整到"S"挡,并按"C/A"键调整到"A"计权网络。读数方式采用慢挡,每隔 5 s 读一个瞬时 A 声级,连续读取 200 个数据(大约 17 min)。每个测量点测量两组数据。

(3)读数时同时记下车流量(辆/小时),并判断和记录附近主要噪声来源(如工业噪声、建筑施工噪声、社会生活噪声或其他噪声),记录周围的声学环境和天气条件。

七、数据处理

测量结果以等效连续 A 声级和积累百分声级表示。

将每个测点所测得的 200 个数据按从大到小的顺序排列,第 20 个数据为 L_{10},第 100 个数据为 L_{50},第 180 个数据即为 L_{90}。

对数据进行分析计算。城市环境噪声分布基本符合正态分布,因此,可直接用近似公式计算等效连续 A 声级和标准偏差值:

$$L_{eq} = L_{50} + \frac{d^2}{60}$$

$$d = L_{10} - L_{90}$$

式中,L_{eq}——等效连续 A 声级;

　　d——标准偏差值;

　　L_{50}——测量时间内,50% 的时间超过的噪声级,相当于噪声的平均值;

　　L_{10}——测量时间内,10% 的时间超过的噪声级,相对于噪声的峰值;

　　L_{90}——测量时间内,90% 的时间超过的噪声级,相当于噪声的本底值。

八、实验报告

实验报告应包括的事项如下:

(1)日期、时间、地点及测定人员。

(2)使用仪器型号、编号。

(3)测定时间内的气象条件(风向、风速、雨雪等天气状况)。

(4)测量项目。

(5)测量依据的标准。

(6)测点示意图。

(7)声源及运行工况说明(如交通噪声测量的交通流量等)。

(8)道路交通噪声测量记录表(测 200 个数据)。

(9)测定结果(累积百分声级 L_{10}、L_{50}、L_{90},以及测量和计算的等效 A 声级)。

(10)结论(描述周围声学环境,判断测点的主要噪声来源及是否超标)。

道路交通噪声测量记录见表 39-1。

表 39-1　道路交通噪声测量记录

测量点：

测量时间：　　　年　　月　　日　　时　　分

主要噪声来源：　　　　　　　　车流量：

取样间隔：　　　　　　　　　采样次数：

序号	A声级/dB	序号	A声级/dB	序号	A声级/dB	序号	A声级/dB	序号	A声级/dB

5.2　实验四十　环境振动的测定

过量的振动会对人体的健康产生损害，使人不舒适、疲劳，甚至导致人体损伤，或使机器、设备和仪表不能正常工作。另外，振动将形成噪声源，以噪声的形式影响或污染环境。

一、实验目的

(1)掌握振动测量仪的使用方法。
(2)掌握城市区域环境振动的测量方法。

二、实验仪器

振动测量仪。

三、测量条件

(1)测量时振动源应处于正常工作状态。
(2)测量时应避免影响环境振动测量值的其他环境因素，如剧烈的温度梯度变化、强电磁场、强风、地震或其他非振动污染源引起的干扰。

四、振动测量仪使用方法

(1)将传感器垂直放置于被测点地面上(密实、平整地面)。

(2)频率计权开关置于"Z"位置,测量方式开关置于"MEAS"(Measure)位置。

(3)清除内存数据:按"RESET"+"RUN",然后依次释放"RESET"和"RUN"。

(4)设置测量时间:连续按"TIME"键,依次是"Man"(手动)10 s→1 min→5 min→10 min→15 min→20 min→1 h→8 h→24 h→24-h Time(整时)→日期输入方式→"Man"。对于稳态振动,测量时间不小于 5 s;对于无规则振动,测量时间不小于 5 min;对于列车通过时的振动或冲击振动,应选 Man。

(5)测量:按"RUN"开始测量。对于自动测量,直到屏幕左端显示"Pause";对于手动测量,按"Pause"键停止测量。

(6)读数,按"Mode"键读数,数据依次显示 VL_{eq}→SD→VL_{90}(先显示 90,再显示 VL_{90})→VL_{50}(先显示 50,再显示 VL_{50})→VL_{10}(先显示 10,再显示 VL_{10})→VL_{min}(先显示 0000,再显示 VL_{min})→VL_{max}(先显 9999,再显 VL_{max})→VL_{eq}。对于稳态振动,读取 VL_{eq};对于无规则振动,读取 VL_{10};测量列车通过时的振动或冲击振动时,读取 VL_{max}值。

(7)关机:把电源开关设置于"OFF"。

五、实验步骤

(1)测量位置的选择。测点置于各类区域建筑物室外 0.5 m 以内振动敏感处。必要时,测点置于建筑物室内地面中央。

(2)振动测量仪的安装。确保振动测量仪平稳地安放在平坦、坚实的地面上,避免置于如地毯、草地等松软的地面上。振动测量仪的灵敏度主轴方向与测量方向一致。

(3)稳态振动的测量。每个测点测量一次,取 5 s 内的平均示数作为评价量。

(4)冲击振动的测量。取每次冲击过程的最大示数为评价量。对于重复出现的冲击振动,以 10 次读数的算术平均值为评价量。

(5)无规则振动的测量。每个测点等间隔地读取瞬时示数。采样间隔不大于 5 s,连续测量时间不小于 1000 s,以测量数据的 VLz_{10} 值为评价量。

(6)铁路振动的测量。读取每次列车通过过程中的最大示数,每个测点连续测量 20 次,以 20 次读数的算术平均值为评价量。

六、数据处理

按照测量类型的不同,记录相应的测量值(铅垂向 z 的振级),并记入表 40-1、表 40-2、

表 40-3 中。测量交通振动时,应记录车流量。

表 40-1　环境振动测量中稳态或冲击振动测量记录

测量地点		测量日期		
测量仪器		测量人员		
振源名称及型号		振动类别	稳态	
			冲击	
测点位置图示		地面状况		
		备注		

数据记录 VLz/dB

编号	1	2	3	4	5	6	7	8	9	10	平均值

表 40-2　环境振动测量中无规则振动测量记录

测量地点		测量日期	
测量仪器		测量人员	
取样时间		取样间隔	
主要振源			
测点位置图示		地面状况	
		备注	

数据记录 VLz/dB

编号	1	2	3	4	5	6	7	8	9	10	11	12	13	14	15	16	17	18	19	20
1																				
2																				
3																				
4																				
5																				
6																				
7																				
8																				
9																				
10																				
处理结果																				

表 40-3　环境振动测量中铁路振动测量记录

测量地点		测量日期	
测量仪器		测量人员	
测点位置图示		地面状况	
		备注	

数据记录 VLz/dB

序号	时间	客/货机车	上行/下行	VLz	序号	时间	客/货机车	上行/下行	VLz
1					4				
2					5				
3					6				
7					14				
8					15				
9					16				
10					17				
11					18				
12					19				
13					20				
处理结果									

5.3　实验四十一　环境电磁辐射的测定

　　电磁辐射是一种复合的电磁波,以相互垂直的电场和磁场随时间的变化而传递能量。电磁辐射的来源有多种,人体内外均布满由天然和人造辐射源所发出的电磁能量。电磁辐射对人体的危害表现在热效应和非热效应两大方面。热效应会引起中枢神经的功能障碍;非热效应,即吸收辐射虽不足以引起体温增高,但也会引起生理变化和反应。在这种环境中生活和工作过久,会出现头晕、疲乏无力、记忆力衰退、食欲减退等临床症状。

一、实验目的

(1)掌握电磁辐射测量仪的使用方法。
(2)掌握环境电磁辐射监测方法。

二、实验仪器

电磁辐射测量仪。

三、测量条件

(1)测量时间:根据测量目的,在相应的电磁辐射高峰期确定测量时间。每次测量间隔时间为 1 h,观察时间不应小于 15 s,若测量读数起伏较大,则应适当延长测量时间。

(2)测量高度:一般取离地面 1.5~2 m 高度,也可根据不同目的选取测量高度。

(3)测量频率:取电场强度测量值>50 dBV/m 的频率作为测量频率。测量前应估计最大场强值,以便选择测量设备。测量设备应与所测对象在频率、量程、响应时间等方面均符合,以保证测量的准确。

(4)测量时的环境条件、气候条件应符合行业标准和仪器标准中规定的使用条件。测量记录表应注明环境温度、相对湿度。

(5)测量点位置的选取应考虑使测量结果具有代表性,不同的测量目的应考虑不同的测量方案。

(6)测量时必须获得足够的数据量,以保证测量结果准确可靠。

(7)对固定辐射源进行测量,应设法避免或尽量减少周边偶发的其他辐射源的干扰。对不可避免的干扰,应估计其对测量结果可能产生的最大误差。

四、实验步骤

(1)典型辐射源测量布点。对典型辐射体,比如对某个电视发射塔周围环境实施监测时,以辐射体为中心,间隔45°的 8 个方位为测量线,每条测量线上选取距场源分别为30 m、50 m、100 m 等不同距离的定点进行测量,测量范围根据实际情况确定。

(2)一般环境电磁辐射测量布点。对整个城市电磁辐射测量时,根据城市测绘地图,将全区划分为 11 km² 或 22 km² 小方格,取方格中心为测量位置。

(3)实验室内环境辐射测量布点。布设 9 个监测点,其距离地面垂直高度 1.5~2.0 m,水平位置分别为:①房间正中央;②同一水平高度,以房间中央为圆心,1.5~2.0 m 为半径的圆周上等距分布的 8 个点。此 9 个点与实验室内任一辐射源(电脑、微波炉)距离 0.5 m 以上,从而使监测值为环境电磁波强度。

(4)按上述方法布点后,应对实际测点进行考察。考虑地形地物影响,实际测点应避开高层建筑物、树木、高压线以及金属结构等,尽量选择空旷地方测试。允许对规定测点进行调整,测点调整最大为方格边长的1/4,对特殊地区方格允许不进行测量。

五、数据处理

记录多个监测点多次测量的电场强度测量值(表41-1),计算平均值,并将其作为环境电磁辐射强度。

表 41-1　环境电磁辐射测量记录

测量地点		测量日期	
测量仪器		测量人员	
环境温度		相对湿度	
主要辐射源			

数据记录(电场强度,V/m)

编号	1	2	3	4	5	6	7	8	9	10
1										
2										
3										
4										
5										
6										
7										
8										
9										
处理结果										

第六章　生物污染监测实验

6.1　实验四十二　水中细菌总数的测定

一、实验目的和要求

(1)了解水细菌学检验的卫生学意义和基本原理,掌握水中细菌总数的检验方法。
(2)了解平板菌落计数原则。

二、实验原理

　　水中细菌种类繁多,它们对营养和其他生长条件的要求各不相同,无法找到一种在某种条件下使水中所有细菌均能生长繁殖的培养基。因此,通常选择一种大部分细菌能生长的培养基,通过生长出来的菌落大致计算水中细菌总数。目前一般是采用普通肉膏蛋白胨琼脂培养基。

三、实验仪器与试剂

(一)实验仪器

(1)高压蒸汽灭菌器。
(2)显微镜。

(二)实验试剂

(1)灭菌水。
(2)肉膏蛋白胨琼脂培养基。

　　准备蛋白胨 10 g、牛肉膏 3 g、氯化钠 5 g、琼脂 15～20 g、蒸馏水 1000 mL,将上述成分混合后,加热溶解,调整 pH 为 7.4～7.6,过滤,分装于玻璃容器中,经 121 ℃(15 lb/in²)

高压蒸汽灭菌 20 min,置冷暗处备用。

四、实验步骤

(1)水样稀释。根据水被污染程度的不同,可用无菌吸管做 10 倍系列稀释。

(2)接种。以无菌操作方法用灭菌吸管吸取 1 mL 充分混匀的水样,注入灭菌平皿中,再倾注约 15 mL 已融化并冷却到 45 ℃左右的培养基,立即转动平皿,使水样与培养基充分混匀。每个水样应倾注 3 个平皿。每次检验时另用 3 个平皿只倾注营养琼脂培养基作为空白对照组。

(3)培养。待冷却凝固后,翻转平皿,使皿底向上,置于 37 ℃恒温箱内培养 24 h,进行菌落计数。3 个平皿中的平均菌落数即为水样 1 mL 中的细菌总数。

(4)菌落计数。做平皿菌落计数时,可用肉眼观察,必要时用放大镜检查,以防遗漏。在记下各平皿的菌落数后,应求出同稀释度的平均菌落数,供下一步计算时应用。在求同稀释度的平均数时,若其中一个平皿有较大片状菌落生长时,则不宜采用,而应以无片状菌落生长的平皿作为该稀释度的平均菌落数;若片状菌落不到平皿的一半,而其余一半菌落分布又很均匀,则可将此半皿计数后乘 2 以代表全皿菌落数,然后再求该稀释度的平均菌落数。

五、数据处理

(一)按各种不同情况进行计算

(1)首先选择平均菌落数在 30～300 者进行计算,当有一个稀释度的平均菌落数符合此范围时,则以该平均菌落数乘其稀释倍数报告(表 42-1 例 1)。

(2)若有两个稀释度,其平均菌落数均为 30～300,则应按两者菌落总数之比值来决定。若其比值小于 2,应报告两者的平均数;若大于 2,则报告其中较小的菌落总数(表 42-1 例 2、例 3)。

(3)若所有稀释度的平均菌落数均大于 300,则应按稀释度最高的平均菌落数乘以稀释倍数报告(表 42-1 例 4)。

(4)若所有稀释度的平均菌落数均小于 30,则应按稀释度最低的平均菌落数乘以稀释倍数报告(表 42-1 例 5)。

(5)若所有稀释度的平均菌落数均不在 30～300,则以最接近 300 或 30 的平均菌落数乘以稀释倍数报告(表 42-1 例 6)

(二)菌落计数的报告

菌落数在 100 以内时按实有数报告,大于 100 时,采用 2 位有效数字,在 2 位有效数字后面的数值,以四舍五入方法计算。为了缩短数字后面的零数,也可用 10 的指数来表示(如表 42-1 的"报告方式"栏)。报告菌落数为"无法计数"时,应注明水样的稀释倍数。

表 42-1　稀释度选择及菌落总数报告方式

例次	不同稀释度的平均菌落数			两个稀释度菌落数之比	菌落总数/(个/mL)	报告方式/(个/mL)
	10^{-1}	10^{-2}	10^{-3}			
1	1.365	164	20	—	16400	16000 或 1.6×10^4
2	2.760	295	46	1.6	37750	38000 或 3.8×10^4
3	2.890	271	60	2.2	27100	27100 或 2.7×10^4
4	无法计数	4650	513	—	513000	510000 或 5.1×10^5
5	27	11	5	—	270	270 或 2.7×10^2
6	无法计数	305	12	—	30500	31000 或 3.1×10^4

六、注意事项

(1)严格无菌操作,防止污染。

(2)根据水样污染程度选择稀释倍数,必要时做预实验。

七、思考题

(1)在接种过程中应该注意哪些事项?

(2)水体中哪些细菌在该实验中的营养琼脂平板中无法生长?

(3)所测水样的污染程度如何?

6.2　实验四十三　水中大肠菌群的测定（多管发酵法和滤膜法）

一、实验目的

(1)了解大肠菌群测定的卫生学意义以及在饮用水中的重要性。

(2)掌握检验大肠菌群数量的多管发酵法和滤膜法。

二、实验原理

水体受人畜粪便、生活污水或工农业废水污染后,病原菌也随之增加。大肠菌群是应用最为广泛的病原菌的指示菌。

　　大肠菌群是肠道中的病原菌,可以随粪便污染水体。大肠菌群是一群需氧及兼性厌氧的革兰氏阴性无芽孢杆菌,在 37 ℃生长时能使乳糖发酵,在 24 h 内产酸产气。大肠菌群数指每升水中所含有的大肠菌群的数目。我国饮用水水源水质要求总大肠菌群:一级 ≤1000 个/L,二级≤10000 个/L。我国生活饮用水卫生标准为 100 mL 水样中总大肠菌群数不得检出,其检验方法有多管发酵法[以可能数(most probable number,MPN)表示结果]和滤膜(MF)法。

　　多管发酵法是根据大肠菌群所具有的特性,利用含乳糖的培养基检测不同稀释度的水样,经初发酵、平板分离和复发酵三个检验步骤,最后根据发酵管数查大肠菌群检数表,得出水样中的总大肠菌群数。实际上它是根据统计学理论,估计水体中大肠杆菌密度和卫生质量的一种方法。如果从理论上考虑,并且进行大量的重复检定,可以发现这种估计有大于实际数字的倾向。只要每一稀释试管重复数目增加,这种差异便会减少,对于细菌含量的估计值,大部分取决于那些既显示阳性又显示阴性的稀释度。因此在实验中,水样检验要求重复的数目,需要根据要求数据的准确度确定。

　　滤膜法是将水样注入已灭菌的放有滤膜的滤器中,抽滤截取细菌,然后将滤膜贴于品红亚硫酸钠培养基上进行培养,鉴定并计数滤膜上生长的典型菌落,计算出每升水样中含有的总大肠菌群数。

　　粪大肠菌群是总大肠菌群的一部分,主要来自粪便。在 44.5 ℃下能生长并发酵乳糖产酸产气的大肠菌群称为粪大肠菌群。用提高温度的方法,造成不利于来自自然环境的大肠菌群生长的条件,使培养出来的菌主要为来自粪便的大肠菌群,从而更准确地反映水质受粪便污染的情况。

三、实验仪器与试剂

(一)实验仪器

(1)高压蒸汽灭菌器。

(2)显微镜。

(3)500 mL 滤器及 0.45 μm 滤膜。

(二)实验试剂

(1)单倍乳糖蛋白胨培养液。准备蛋白胨 10 g、牛肉浸膏 3 g、乳糖 5 g、1.6% 溴甲酚紫乙醇溶液 1 mL、蒸馏水 1000 mL,将上述成分混合并调 pH 至 7.2,分装于置有小玻璃倒管的试管中,每管 10 mL,115 ℃高压蒸汽灭菌 20 min。

(2)3 倍乳糖蛋白胨培养液。按上述配方比例 3 倍(除蒸馏水外),配成 3 倍浓缩的乳糖蛋白胨培养液,制法同上。

(3)伊红美蓝培养基。准备蛋白胨 10 g、乳糖 10 g、K_2HPO_4 2 g、琼脂 20 g、蒸馏水 1000 mL、2% 伊红(曙红)水溶液 20 mL、0.5% 美蓝(亚甲蓝)水溶液 13 mL,除伊红和美蓝外,其余成分混匀溶解,115 ℃高压蒸汽灭菌 20 min。灭菌后,再加入已分别灭菌的伊红液及美蓝液,充分混匀,注意勿产生气泡。混合好的培养基应稍冷(50 ℃左右)再倒皿,太热会产生过多的凝集水。平皿倒置储于冰箱备用。

(4)品红亚硫酸钠培养基(远藤氏培养基)。准备蛋白胨 10 g、牛肉浸膏 5 g、酵母浸膏 5 g、乳糖 10 g、琼脂 20 g、K_2HPO_4 3.5 g、无水亚硫酸钠约 5 g、5% 碱性品红乙醇溶液 20 mL、蒸馏水 1000 mL,除无水亚硫酸钠及碱性品红乙醇溶液外,其余成分混匀溶解,调 pH 至 7.2~7.4,115 ℃高压蒸汽灭菌 20 min。

用灭菌吸管吸取 5% 碱性品红乙醇溶液置于灭菌试管中,将无水亚硫酸钠置于另一支灭菌试管中,加入少许无菌水使其溶解,沸水浴中煮沸 10 min。将得到的已灭菌亚硫酸钠液滴加于碱性品红液中,至褪成粉红色为止,再将此混合溶液全部加入储备基内,充分混匀,倒皿。此平板倒置储于冰箱内,若颜色由淡红变为深红,则不能再用。

四、实验步骤

(一)多管发酵法

将水样充分混匀后,根据水样污染程度确定水样接种量。每个样品至少用 3 个不同的接种水样量。同一接种水样量要有 5 支管。

相对未受污染的水样接种量为 10 mL、1 mL、0.1 mL。受污染水样接种量根据污染程度接种 1 mL、0.1 mL、0.01 mL 或 0.1 mL、0.01 mL、0.001 mL 等。使用的水样量可参考表 43-1。

表 43-1　各种水样的接种量

水样种类	接种量/mL								
	100	50	10	1	0.1	10^{-2}	10^{-3}	10^{-4}	10^{-5}
井水			√	√	√				
河水、塘水				√	√	√			
湖水、塘水						√	√	√	
城市原污水							√	√	√

如接种量为 10 mL,则试管内应装有 3 倍浓度乳糖蛋白胨培养液 5 mL;如接种量为 1 mL 或少于 1 mL,则可接种于单倍浓度的乳糖蛋白胨培养液 10 mL 中。

1. 初发酵实验

(1)以无菌操作于 5 支 3 倍浓度的乳糖发酵管中各加入待测水样 10 mL,于 5 支单倍浓度乳糖发酵管中各加入水样 1 mL,另 5 支单倍浓度乳糖发酵管中加入按 1∶10 稀释的水样各 1 mL(相当于原水样 0.1 mL),此即 15 管法,其接种水样总量为 55.5 mL。各管经混匀后置 37 ℃恒温箱中培养 24 h。

(2)若水样污染严重,如未经处理的医院污水等,其接种量可为上述的 1/10(分别接种 1 mL、0.1 mL、0.01 mL 3 个梯度)或继续 10 倍稀释下去,此时糖发酵管可全部用单倍浓度乳糖管。

2. 平板分离

培养 24 h 后,发酵管颜色变黄为产酸,小玻璃倒管内有气泡为产气。将产酸、产气及只产酸的发酵管用接种环画线接种于伊红美蓝培养基上,37 ℃培养 18～24 h,挑选深紫黑色有金属光泽、紫黑色不带或略带金属光泽的菌落或淡紫红色、中心色较深的菌落,将其一部分进行涂片革兰氏染色观察。

3. 复发酵实验

如上述菌落经涂片、染色、镜检后证实为革兰氏阴性无芽孢杆菌,则将菌落的另一部分接种于置有小玻璃倒管的单倍浓度乳糖发酵管中,每管可接种分离自同一发酵管的典型菌落 1～3 个。37 ℃培养 24 h,若产酸、产气则表明该管有大肠杆菌群菌存在。

(二)滤膜法

(1)水样滤膜处理。

①安装滤器,将已灭菌的滤器装在接液瓶上,用橡皮管将接液瓶、缓冲液和真空泵相连,也可用其他方法减压,如水管龙头。

②放置滤膜:用灭菌镊子取经高压蒸汽灭菌的滤膜一张,使其毛面向上平放在滤器隔膜板之上。再在膜上放一"O"形橡皮圈,使滤器漏斗与底座旋紧密闭性更好,以避免漏水。

③加水样。如检测水样量少于 10 mL,应先加少量无菌水,以使细菌在滤膜上分布均匀。

④水样过滤:接通电源开始抽吸,至滤膜水全部滤过而又不使滤膜过于干燥为止。

(2)将截留有细菌的滤膜面向上平贴于品红亚硫酸钠培养基上,倒置 37 ℃恒温箱内培养 24 h,挑选深紫黑色有金属光泽的菌落,紫黑色、不带或略带金属光泽的菌落或淡紫红色、中心色较深的菌落进行革兰氏染色观察。

(3)经染色证实为革兰氏染色阴性无芽孢者,再接种乳糖蛋白胨培养液,经 37 ℃培养 24 h,产酸产气者判定为大肠杆菌群阳性。

(三)粪大肠菌群的检测

方法与总大肠菌群的检测方法相同,培养温度为(44.5±0.5) ℃。

五、数据处理

(一)多管发酵法

根据阳性管数组合(数量指标),查表 43-2,并按初发酵实验接种水样量换算后,报告每升水样的总大肠菌群数。

表 43-2　大肠菌数计数

(1)接种水样总量 300 mL(100 mL 2 份,10 mL 10 份)

10 mL 的阴性管数	100 mL 水量的阳性瓶数		
	0	1	2
	每升水样中大肠菌群数	每升水样中大肠菌群数	每升水样中大肠菌群数
0	<3	4	11
1	3	8	18
2	7	13	27
3	11	18	38
4	14	24	52
5	18	30	70
6	22	36	92
7	27	43	120
8	31	51	161
9	36	60	230
10	40	69	>230

(2)接种水样量 10 mL、1.0 mL、0.1 mL 各 5 管

阳性管组合	每 100 mL 水样中细菌的最大可能数	阳性管组合	每 100 mL 水样中细菌的最大可能数	阳性管组合	每 100 mL 水样中细菌的最大可能数
0-0-0	<2	1-1-1	14	2-3-0	49
0-0-1	2	1-2-0	17	3-0-0	70
0-1-0	2	2-0-0	17	3-0-1	94
0-2-0	4	2-0-1	13	3-1-0	79
1-0-0	2	2-1-0	17	3-1-1	110
1-0-1	4	2-1-1	17	3-2-0	140
1-1-0	4	2-2-0	21	3-2-1	180
3-3-0	6	5-0-1	26	5-4-0	130
4-0-0	6	5-0-2	22	5-4-1	170
4-0-1	5	5-1-0	26	5-4-2	220
4-1-0	7	5-1-1	27	5-4-3	280

续表

阳性管组合	每 100 mL 水样中细菌的最大可能数	阳性管组合	每 100 mL 水样中细菌的最大可能数	阳性管组合	每 100 mL 水样中细菌的最大可能数
4-1-1	7	5-1-2	33	5-4-4	350
4-1-2	9	5-2-0	34	5-5-0	240
4-2-0	9	5-2-1	23	5-5-1	350
4-2-1	12	5-2-2	31	5-5-2	540
4-3-0	8	5-3-0	43	5-5-3	920
4-3-1	11	5-3-1	33	5-5-4	1600
4-4-0	11	5-3-2	46	5-5-5	≥2400
5-0-0	14	5-3-3	63		

（3）接种水样总量 111.1 mL（100 mL、10 mL、1 mL、0.1 mL 各 1 份）

接种水样量/mL				每升水样中大肠菌群数
100	10	1	0.1	
－	－	－	－	<9
－	－	－	＋	9
－	－	＋	－	9
－	＋	－	－	9.5
－	－	＋	＋	18
－	＋	－	＋	19
－	＋	＋	－	22
＋	－	－	－	23
－	＋	＋	＋	28
＋	－	－	＋	92
＋	－	＋	－	94
＋	－	＋	＋	180
＋	＋	－	－	230
＋	＋	－	＋	960
＋	＋	＋	－	2380
＋	＋	＋	＋	＞2380

续表

(4)接种水样总量 11.11 mL(10 mL、1 mL、0.1 mL、0.01 mL 各 1 份)

接种水样量/mL				每升水样中
10	1	0.1	0.01	大肠菌群数
−	−	−	−	<90
−	−	−	+	90
−	−	+	−	90
−	+	−	−	95
−	−	+	+	180
−	+	−	+	190
−	+	+	−	220
+	−	−	−	230
−	−	+	+	280
+	−	−	+	920
+	−	+	−	940
+	−	+	+	1800
+	+	−	−	2300
+	+	−	+	9600
+	+	+	−	23000
+	+	+	+	>23000

(二)滤膜法

根据滤膜上证实的 20～60 个/片大肠杆菌群数的水样量,计算每升水样中所存在的总大肠菌群数。计算公式为

每升水样中总大肠杆菌群数＝滤膜上生长菌落数×1000/过滤水样量(mL)

(三)结果

实验结果填入表 43-3 中。

表 43-3　实验结果

检验总号	检验程序及结果					说明
检验编号	细菌菌落数计数					
检验名称	检验用量	mL	mL	mL	mL	
检验来源	37 ℃培养 24 h 菌落数					
送检数量						
包装情况	总大肠菌落数的测定（MPN 法）					
采样时间	样品接种/mL					
采样气候气温	初步发酵结果					
	典型菌落					
送检单位	革兰氏染色					
采样者	细菌形态					
送达时间	复发酵结果					
开始检验时间	总大肠菌群落数检验（MF 法）					
	抽滤水样量					
完成检验时间检验者	肉眼观察总大肠菌群落数					
	经证实后总大肠菌群落数					
结论	细菌总数　个/mL 大肠菌总数　个/L					

六、注意事项

(1)严格无菌操作,防止污染。
(2)注意正确投放发酵倒管,接种前小倒管中不可有气泡。
(3)注意控制革兰氏染色的脱色时间。

七、思考与讨论

(1)多管发酵法和滤膜法均可检验大肠菌群,在检验具体水样时如何选择?
(2)为什么有些培养后的试管中会出现黄色液体和气泡?

6.3　实验四十四　芳名湖水叶绿素 a 的测定

一、实验目的

富营养化湖由于水体受到污染,尤以氮磷为甚,致使其中的藻类旺盛生长。此类水体中代表藻类的叶绿素 a 浓度常大于 10 μg/L。

本实验通过测定不同水体中藻类叶绿素 a 浓度,以考察其富营养化情况。

二、实验仪器与试剂

(一)实验仪器

(1)分光光度计(波长选择大于 750 nm,精度为 0.5～2 nm)。
(2)比色杯(1 cm、4 cm)。
(3)台式离心机(3500 r/min)。
(4)离心管(15 mL,具刻度和塞子)。
(5)匀浆器或小研钵。
(6)蔡氏滤器,滤膜(0.45 μm,直径 47 mm)。
(7)真空泵(最大压力不超过 300 kPa)。

(二)实验试剂

(1)$MgCO_3$悬液:1 g $MgCO_3$细粉悬于 100 mL 蒸馏水中。
(2)90%的丙酮溶液:90 份丙酮＋10 份蒸馏水。

(3)水样:两种不同污染程度的湖水水样各 2 L。

三、实验步骤

(1)按浮游植物采样方法,湖泊、水库采样 500 mL,池塘 300 mL。采样点及采水时间同浮游植物的采样方法。

(2)清洗玻璃仪器:整个实验中所使用的玻璃仪器应全部用洗涤剂清洗干净,尤其应避免酸性条件下而引起的叶绿素 a 分解。

(3)过滤水样:在蔡氏滤器上装好滤膜,每种测定水样取 50～500 mL 减压过滤。待水样剩余若干毫升之前加入 0.2 mL MgCO$_3$ 悬液,摇匀直至抽干水样。加入 MgCO$_3$ 可增进藻细胞滞留在滤膜上,同时还可防止提取过程中叶绿素 a 分解。如过滤后的载藻滤膜不能马上进行提取处理,应将其置于干燥器内,放冷(4 ℃)暗处保存,放置时间最多不能超过 48 h。

(4)提取:将滤膜放于匀浆器或小研钵内,加 2～3 mL 90％的丙酮溶液,匀浆,以破碎藻细胞。然后用移液管将匀浆液移入刻度离心管中,用 5 mL 90％丙酮冲洗 2 次,最后向离心管中补加 90％丙酮,使管内总体积为 10 mL。塞紧塞子并在管子外部罩上遮光物,充分振荡,放冰箱避光提取 18～24 h。

(5)离心:提取完毕后,置离心管于台式离心机上 3500 r/min 离心 10 min,取出离心管,用移液管将上清液移入刻度离心管中,塞上塞子,3500 r/min 再离心 10 min。正确记录提取液的体积。

(6)测定光密度:藻类叶绿素 a 具有其独特的吸收光谱(663 nm),因此可以用分光光度法测其含量。用移液管将提取液移入 1 cm 比色杯中,以 90％的丙酮溶液作为空白,分别在 750 nm、663 nm、645 nm、630 nm 波长下测提取液的光密度值(OD)。注意:样品提取的 OD663 值要求在 0.2～1.0 之间,如不在此范围内,应调换比色杯,或改变过滤水样量。OD663 小于 0.2 时,应该用较宽的比色杯或增加水样量;OD663 大于 1.0 时,可稀释提取液或减少水样滤过量,使用 1 cm 比色杯比色。

(7)叶绿素 a 浓度计算:将样品提取液在 663 nm、645 nm、630 nm 波长下的光密度值(OD663、OD645、OD630)分别减去在 750 nm 下的光密度值(OD750),此值为非选择性本底物光吸收校正值。叶绿素 a 浓度计算公式如下:

①样品提取液中叶绿素 a 的浓度 c_a 为

$$c_a(\mu g/L) = 11.64(OD663 - OD750) - 2.16(OD645 - OD750) + 0.1(OD630 - OD750)$$

②水样中叶绿素 a 的浓度为

$$叶绿素\ a(\mu g/L) = c_a \times V_{丙酮}/(V_{水样} \times L)$$

式中,c_a——样品提取液中叶绿素 a 浓度,$\mu g/L$;

$V_{丙酮}$——90％丙酮提取液体积,mL;

$V_{水样}$——过滤水样的体积,L;

L——比色杯宽度,cm。

四、实验报告

将测定结果记录于表 44-1 中。

表 44-1 测定结果

水样	OD750	OD663	OD645	OD630	叶绿素 a/(μg/L)
A 湖水					
B 湖水					

根据测定结果,参照表 44-2 中指标评价被测水样的富营养化程度。

表 44-2 湖泊富营养化的叶绿素 a 评价标准

类型	贫营养型	中营养型	富营养型
指标			
叶绿素 a/(μg/L)	<44~10	10~150	

五、思考与讨论

(1)比较两种水样中的叶绿素 a 浓度,通过本实验你的结论是什么?

(2)如何保证水样叶绿素 a 浓度测定结果的准确性? 主要应注意哪几个方面的问题?

6.4 实验四十五 原生动物刺泡突变实验

一、实验目的

(1)了解梨形四膜虫生长的基本条件、遗传特性及原生动物致突变实验法的原理。

(2)掌握实验方法。

二、实验原理

梨形四膜虫是原生动物的代表种之一,属原生动物纤毛虫纲、膜口目、四膜虫科,广泛分布于世界各地的淡水中,是组成水生食物链的广阔基础之一。其生活周期短(代时仅为2~4 h),生长快速,易于在无菌条件下纯培养形成无性克隆,并能被诱导同步化生长,它比细菌更接近高等生物。梨形四膜虫具有典型的真核生物的细胞,它的代谢功能与哺乳动物的肾和肝脏非常类似,具有整体动物生命的一些代谢功能,能对外界压力做出敏感反应。它们对环境的反应比原核生物更加显著。梨形四膜虫还具有一种特殊构造,称为刺泡,它们垂直细胞外侧排列。一般1个四膜虫大约有1500个刺泡。外界刺激(如化学物质、电刺激等)可使其发射出具有保护性的、细长的刺丝。刺泡对放射性和化学诱变剂敏感,可诱导刺泡发生突变。刺泡突变是基因突变,有6个基因作用在9个遗传位点上。突变后,形态有所改变,呈现球形、椭圆形、棒形。在细胞内位置有相应的变化,影响细胞的发射功能。本实验以刺泡发射障碍为实验终点,检测环境因子的诱变性及诱变程度,评价环境污染物的潜在危害。

三、实验仪器与试剂

(一)实验仪器

(1)生物显微镜。
(2)显微照相设备。
(3)浮生生物计数框。
(4)25 mL比色管。

(二)实验试剂

(1)培养液。准备胰蛋白胨10~20 g、葡萄糖(分析纯)5 g,去离子水加至1000 mL,调节pH至7.2,经5 lb/in² 15 min高压灭菌后置冰箱备用。

(2)Lugol's液。准备KI 50 g、I_2(结晶)40 g,将上述物质混合后用蒸馏水加至1000 mL。

(3)1 mol/L NaOH溶液。

(4)受试物。根据实验目的而定。

(5)实验生物。纯培养的S_1上海梨形四膜虫无性生殖克隆,由上海华东师范大学生物学系提供。

四、实验步骤

(一)四膜虫的增殖培养和生长曲线制备

以无菌操作取0.01 mL四膜虫液(约20个虫体),放入盛有100 mL无菌培养液的三角烧瓶中,在27 ℃下,以100~150 r/min振荡培养,找出四膜虫生长、繁殖最旺盛期。每隔12 h取培养虫液,滴加Lugol's液杀死细胞,在显微镜下测定虫口密度。以虫口密度和培养天数作生长曲线图。斜率最大的天数即为最旺盛期,即对数期。以此期细胞备用。

151

（二）受试物浓度的选择

经预备实验获得急性毒性实验结果，以最小致死浓度为最高剂量，制成 5 个等对数间距的浓度组。以培养液作空白对照组，每个浓度设 3 个平行样。

（三）致突变试验

（1）吸取不同浓度的受试物 0.1 mL，加入含有 9.8 mL 培养液的 25 mL 比色管中。

（2）无菌条件下吸取 0.1 mL 处于对数生长期的四膜虫液于各比色管中，充分摇匀，置恒温培养箱中于 27 ℃培养 48～96 h。

（3）12～24 h 取 0.1 mL 四膜虫培养液，在 0.1 mL 浮游动物计数框内用显微镜观察活体细胞，然后滴加 Lugol's 液固定，计数刺泡突变细胞数目。

（4）取典型刺泡突变的四膜虫体进行制片、染色、显微镜照相。

五、数据处理

（一）结果与表示

（1）计算刺泡突变数。

（2）计算刺泡突变率。

刺泡突变率（%）＝浓度组刺泡突变率（%）－对照组刺泡突变率（%）

（二）处理与评价

以刺泡突变率对浓度对数绘图，求出相关系数 r 及回归方程。

六、注意事项

（1）实验中应严格无菌操作，控制湿度和 pH。

（2）在接种虫体培养和取样观察与计数时均要摇匀，以达到均匀取样，减少实验中的误差。

七、思考与讨论

（1）原生动物致突变实验的理论依据是什么？

（2）在培养和实验过程中需要注意哪些关键因素？

6.5　实验四十六　稻米或蔬菜中镉的测定

镉是一种重金属元素,非生命必需元素,在冶金、塑料、电子等行业非常重要,进入环境后对环境和生物产生危害。20 世纪四五十年代日本曾大规模爆发慢性镉中毒病症,即"骨痛病"。镉会在肾脏中累积,最后导致肾衰竭;对骨骼的影响则是使骨软化和骨质疏松。通过大米等食物摄取的镉带来的潜在危害主要是对肾脏和骨骼的损害。因此,镉是农产品安全性调查中的常测项目,常用测定方法是《食品安全国家标准　食品中镉的测定》(GB 5009.15—2014)。

一、实验目的

(1)掌握用湿法或微波消解法处理植物样品。
(2)掌握用石墨炉原子吸收光谱法测定植物样品中的镉。

二、实验原理

试样经酸消解后,注入一定量样品消化液于原子吸收分光光度计石墨炉中,电热原子化后吸收 228.8 nm 共振线,在一定浓度范围内,其吸光度与镉含量成正比,采用标准曲线法定量。

三、实验仪器与试剂

(一)实验仪器

(1)石墨炉原子吸收分光光度计。
(2)镉空心阴极灯。
(3)电子天平:感量为 0.1 mg 和 1 mg。
(4)可调温式电热板、可调温式电炉。
(5)恒温干燥箱。
(6)压力消解器、压力消解罐。
(7)微波消解系统:配聚四氟乙烯或其他合适的压力罐。

(二)实验试剂

(1)硝酸溶液(1%):取 10.0 mL 浓硝酸(优级纯),加入 100 mL 水中,稀释至1000 mL。

（2）盐酸（1+1）：取 50 mL 浓盐酸（优级纯），慢慢加入 50 mL 水中。

（3）硝酸高氯酸混合溶液（9+1）：取 9 份硝酸（优级纯）与 1 份高氯酸（优级纯）混合。

（4）磷酸二氢铵溶液（10 g/L）：称取 10.0 g 磷酸二氢铵，用 100 mL 硝酸溶液（1%）溶解后定量移入 1000 mL 容量瓶，用硝酸溶液（1%）定容至刻度。

（5）金属镉（Cd）标准品：纯度为 99.99% 或经国家认证并授予标准物质证书的标准物质。

（6）镉标准贮备液（1000 mg/L）：准确称取 1 g 金属镉标准品（精确至 0.0001 g）于小烧杯中，分次加 20 mL 盐酸（1+1）溶解，加 2 滴浓硝酸，移入 1000 mL 容量瓶中，用水定容至刻度，混匀。或购买经国家认证并授予标准物质证书的标准物质。

（7）镉标准使用液（100.0 ng/mL）：吸取镉标准贮备液 10.0 mL 于 100 mL 容量瓶中，用硝酸溶液（1%）定容至刻度，如此多次稀释成每毫升含 100.0 ng 镉的标准使用液。

（8）镉标准曲线工作液：分别准确吸取镉标准使用液 0 mL、0.50 mL、1.0 mL、1.5 mL、2.0 mL、3.0 mL 于 100 mL 容量瓶中，用硝酸溶液（1%）定容至刻度，即得到镉含量分别为 0 ng/mL、0.50 ng/mL、1.0 ng/mL、1.5 ng/mL、2.0 ng/mL、3.0 ng/mL 的标准系列溶液。

四、实验步骤

（一）样品消解

可以采用湿式消解法或微波消解法。

1. 湿式消解

称取干试样 0.3～0.5 g（精确至 0.0001 g）或鲜（湿）试样 1～2 g（精确到 0.001 g）于锥形瓶中，放数粒玻璃珠，加 10 mL 硝酸高氯酸混合溶液（9+1），加盖浸泡过夜，加一小漏斗，在电热板上消化。若变棕黑色，再加浓硝酸，直至冒白烟，消化液呈无色透明状或略带微黄色。放冷后将消化液洗入 10～25 mL 容量瓶中，用少量硝酸溶液（1%）洗涤锥形瓶 3 次，将洗液合并于容量瓶中，用硝酸溶液（1%）稀释至刻度，混匀备用；同时做全程序空白实验。

2. 微波消解

称取干试样 0.3～0.5 g（精确至 0.0001 g）或鲜（湿）试样 1～2 g（精确到 0.001 g），置于微波消解罐中，加 5 mL 浓硝酸和 2 mL 过氧化氢溶液。微波消化程序可以根据仪器型号调至最佳条件。消解完毕，待消解罐冷却后打开，消化液呈无色或淡黄色，加热赶酸至近干，用少量硝酸溶液（1%）冲洗消解罐 3 次，将溶液转移至 10 mL 或 25 mL 容量瓶中，并用硝酸溶液（1%）定容至刻度，混匀备用；同时做全程序空白实验。

（二）仪器参考条件

根据所用仪器型号将仪器调至最佳状态。原子吸收分光光度计（附石墨炉及镉空心阴极灯）参考测定条件如下：

（1）波长 228.8 nm，狭缝 0.2～1.0 nm，灯电流 2～10 mA，干燥温度 105 ℃，干燥时间 20 s。

（2）灰化温度 400～700 ℃，灰化时间 20～40 s。

（3）原子化温度 1300～2300 ℃，原子化时间 3～5 s。

（4）背景校正为氘灯或塞曼校正。

（三）标准曲线的绘制

将镉标准曲线工作液按浓度由低到高的顺序各取 20 μL 注入石墨炉，测其吸光度值。以标准曲线工作液的浓度为横坐标，相应的吸光度值为纵坐标，绘制标准曲线，并求出吸光度值与浓度关系的一元线性回归方程。标准系列溶液为不少于 5 个点的不同浓度的镉标准溶液，相关系数应不小于 0.995。如果有自动进样装置，也可用程序稀释来配制标准系列。

（四）试样溶液的测定

在测定标准曲线工作液相同的实验条件下，吸取样品消解液 20 μL（可根据使用仪器选择最佳进样量），注入石墨炉，测其吸光度值。代入标准系列的一元线性回归方程中，求样品消化液中镉的含量，平行测定不少于 2 次。若测定结果超出标准曲线范围，需先用硝酸溶液（1%）稀释再行测定。

按照与试样溶液相同的步骤测定空白溶液。

（五）基体改进剂的使用

对有干扰的试样，取 5 μL 基体改进剂（10 g/L 磷酸二氢铵溶液）和样品溶液一起注入石墨炉，绘制标准曲线时也要加入与试样测定时等量的基体改进剂。

五、数据处理

试样中镉含量按下式进行计算：

$$c(\mathrm{Cd,mg/L}) = \frac{(c_1 - c_0) \times V}{m \times 1000}$$

式中，c——试样中镉含量，mg/kg 或 mg/L；

　　　c_1——试样消化液中镉含量，ng/mL；

　　　c_0——空白液中镉含量，ng/mL；

　　　V——试样消化液定容总体积，mL；

　　　m——试样体积，mL；

　　　1000——换算系数。

以重复性条件下获得的 2 次独立测定结果的算术平均值表示，结果保留 2 位有效数字。

在重复性条件下获得的 2 次独立测定结果的绝对差值不得超过算术平均值的 20%。

六、注意事项

(1)除非另有说明,本方法所用试剂均为分析纯,水为 GB/T 6682—2008 规定的二级水。

(2)所用玻璃仪器均需以硝酸溶液(1+4)浸泡 24 h 以上,用水反复冲洗,最后用去离子水冲洗干净。

6.6　实验四十七　粮食和蔬菜中有机磷农药残留量的测定

我国生产的有机磷农药绝大多数为杀虫剂,也有部分杀菌剂、杀鼠剂等。常用有机磷农药包括乐果、敌敌畏、马拉硫磷、对硫磷、甲拌磷、稻瘟净、杀螟硫磷、倍硫磷、虫螨磷等。有机磷农药多为磷酸酯类或硫代磷酸酯类,能抑制乙酰胆碱酯酶活性,使乙酰胆碱积聚,引起中枢神经系统中毒症状,严重时可因肺水肿、脑水肿、呼吸麻痹而死亡,重度急性中毒者还会发生迟发性猝死。

有机磷农药的测定常用气相色谱法(GB/T 5009.20—2003)。

一、实验目的

掌握粮食、蔬菜、食用油等食品中敌敌畏、乐果、马拉硫磷、对硫磷、甲拌磷、稻瘟净、杀螟硫磷、倍硫磷、虫螨磷等有机磷农药残留量的提取净化方法及气相色谱分析方法。

二、实验原理

试样中有机磷农药经提取、分离净化后在富氢焰上燃烧,以 HPO 碎片的形式,放射出 526 nm 波长的特性光。这种光通过滤光片选择后由光电倍增管接收,转换成电信号,经微电流放大器放大后被记录下来。试样的峰面积或峰高与标准品的峰面积或峰高进行比较定量。

三、实验仪器与试剂

(一)实验仪器

(1)气相色谱仪:具有火焰光度检测器。

(2)组织捣碎机。

(3)旋转蒸发器。

（4）粉碎机。

（5）标准套筛。

（6）具塞锥形瓶（250 mL）。

（7）离心机。

（8）振荡器。

（9）分液漏斗（50 mL、300 mL）。

（二）实验试剂

（1）二氯甲烷。

（2）无水硫酸钠。

（3）丙酮。

（4）中性氧化铝：层析用，经 300 ℃活化 4 h 后备用。

（5）活性炭：称取 20 g 活性炭，用盐酸（3 mol/L）浸泡过夜，抽滤后，用水洗至无氯离子，在 120 ℃烘干备用。

（6）硫酸钠溶液（50 g/L）。

（7）农药标准贮备液：准确称取适量有机磷农药标准品，用苯（或二氯甲烷）先配制贮备液，放在冰箱中保存。

（8）农药标准使用液：临用时将贮备液用二氯甲烷稀释为使用液，使其浓度为敌敌畏、乐果、马拉硫磷、对硫磷和甲拌磷每毫升各相当于 1.0 μg，稻瘟净、倍硫磷、杀螟硫磷和虫螨磷每毫升各相当于 2.0 μg。

四、实验步骤

（一）提取与净化

1. 蔬菜

称取 10.00 g 切碎混匀的蔬菜试样，置于 250 mL 具塞锥形瓶中，加 30～100 g 无水硫酸钠（根据蔬菜含水量确定用量）脱水，剧烈振摇后如有固体硫酸钠存在，说明所加无水硫酸钠已足量。加 0.2～0.8 g 活性炭（根据蔬菜色素含量确定用量）脱色。加 70 mL 二氯甲烷，在振荡器上振摇 0.5 h，经滤纸过滤。量取 35 mL 滤液，在通风橱中室温下自然挥发至近干，用二氯甲烷少量多次研洗残渣，移入 10 mL（或 5 mL）具塞刻度试管中，浓缩并定容至 2.0 mL，备用。

2. 稻谷

脱壳、磨粉、过 20 目筛、混匀。称取 10.00 g，置于具塞锥形瓶中，加入 0.5 g 中性氧化铝及 20 mL 二氯甲烷，振摇 0.5 h，过滤，滤液直接进样。如农药残留量过低，则加 30 mL 二氯甲烷，振摇过滤，量取 15 mL 滤液，浓缩并定容至 2.0 mL 进样。

3. 小麦、玉米

将试样磨碎过 20 目筛、混匀。称取 10.00 g，置于具塞锥形瓶中，加入 0.5 g 中性氧化铝、0.2 g 活性炭及 20 mL 二氯甲烷,振摇 0.5 h,过滤,滤液直接进样。如农药残留量过低,则加 30 mL 二氯甲烷,振摇过滤,量取 15 mL 滤液,浓缩并定容至 2.0 mL 进样。

4. 植物油

称取 5.0 g 混匀的试样,用 50 mL 丙酮分次溶解并洗入分液漏斗中,摇匀后,加 10 mL 水,轻轻旋转振摇 1 min,静置 1 h 以上,弃去下面析出的油层,上层溶液自分液漏斗上口倾入另一分液漏斗中,小心操作,尽量不使剩余的油滴倒入。加 30 mL 二氯甲烷、100 mL 50 g/L 硫酸钠溶液,振摇 1 min;静置分层后,将二氯甲烷提取液移至蒸发皿中。丙酮水溶液再用 10 mL 二氯甲烷提取一次,分层后,合并至蒸发皿中。自然挥发后,如无水,可用二氯甲烷少量多次研洗,蒸发皿中残液移入具塞比色管中,并定容至 5 mL。加 2 g 无水硫酸钠振摇脱水,再加 1 g 中性氧化铝、0.2 g 活性炭(多油可加 0.5 g)振摇脱油和脱色,过滤,滤液直接进样。

注意事项:①如果试样经丙酮提取后乳化严重、分层不清,则放入 50 mL 离心管中,以 2500 r/min 离心 0.5 h,用滴管吸出上层溶液,转入另一分液漏斗中。②二氯甲烷提取液自然挥发后如有少量水,可用 5 mL 二氯甲烷分次将挥发后的残液洗入小分液漏斗内,提取 1 min,静置分层后将二氯甲烷层移入具塞比色管,再以 5 mL 二氯甲烷提取一次,合并入具塞比色管内,定容至 10 mL。加 5 g 无水硫酸钠,振摇脱水,再加 1 g 中性氧化铝、0.2 g 活性炭,振摇脱油和脱色,过滤,滤液直接进样。或将二氧甲烷和水一起倒入具塞比色管中,用二氯甲烷少量多次研洗蒸发皿。洗液并入具塞比色管中,以二氯甲烷层为准定容至 5 mL,加 3 g 无水硫酸钠,然后再加 1 g 中性氧化铝、0.2 g 活性炭,振摇脱油和脱色,过滤,滤液直接进样。

(二)色谱条件

(1)色谱柱:玻璃柱,内径 3 mm,长 1.5~2.0 m。

分离测定敌敌畏、乐果、马拉硫磷和对硫磷的色谱柱:

①内装涂以 2.5% SE-30 和 3% QF-1 混合固定液的 60~80 目 Chromosorb WAW DMCS;②内装涂以 1.5% OV-17 和 2% QF-1 混合固定液的 60~80 目 Chromosorb WAW DMCS;③内装涂以 2% OV-101 和 2% QF-1 混合固定液的 60~80 目 Chromosorb WAW DMCS。

分离、测定甲拌磷、虫螨磷、稻瘟净、倍硫磷和杀螟硫磷的色谱柱:

①内装涂以 3% 聚乙二醇己二酸酯(PEGA)和 5% QF-1 混合固定液的 60~80 目 Chromosorb WAW DMCS;②内装涂以 2% 硝基苯基聚乙二醇酸酯(NPGA)和 3% QF-1混合固定液的 60~80 目 Chromosorb WAW DMCS。

(2)气流速度:载气为氮气,80 mL/min;空气,50 mL/min;氢气,180 mL/min。(氮气、空气和氢气之比按各仪器型号选择各自的最佳比例条件。)

(3)温度:进样口 220 ℃,检测器 240 ℃,柱箱 180 ℃(测定敌敌畏时为 130 ℃)。

(三)测定

移取混合农药标准使用液 2~5 μL 分别注入气相色谱仪中,可测得不同浓度有机磷标准溶液的峰高，分别绘制有机磷标准曲线。同时取试样溶液 2～5 μL 注入气相色谱仪中，根据测得的峰高从标准曲线图中查出相应的含量。

五、数据处理

试样中有机磷农药含量按下式进行计算：

$$c = \frac{m'}{m \times 1000}$$

式中，c——试样中有机磷农药的含量，mg/kg；

　　m'——进样的试样溶液中有机磷农药的质量，ng；

　　m——进样的试样溶液相当于试样的质量，g。

计算结果保留 2 位有效数字。

敌敌畏、甲拌磷、倍硫磷、杀螟硫磷在重复性条件下获得的 2 次独立测定结果的绝对差值不得超过算术平均值的 10%。

乐果、马拉硫磷、对硫磷、稻瘟净在重复性条件下获得的 2 次独立测定结果的绝对差值不得超过算术平均值的 15%。

第七章 建设项目竣工环境保护验收监测

7.1 验收监测技术工作

建设项目竣工环境保护验收监测(以下简称"验收监测")是环境监测依法为环境管理提供技术支持、技术监督和技术服务的直接途径,是落实建设项目"三同时"制度的重要环节。依据 2017 年修改的《建设项目环境保护管理条例》,建设项目竣工后,建设单位应当按照国务院环境保护行政主管部门规定的标准和程序,对配套建设的环境保护设施进行验收,编写验收报告。

验收监测的结果是开展建设项目竣工环境保护验收的主要技术依据。

按照《建设项目竣工环境保护验收暂行办法》(国环规环评〔2017〕4 号)和《建设项目竣工环境保护验收技术指南 污染影响类》(公告 2018 年第 9 号),验收监测的程序包括资料的收集和研读,现场勘察,制定验收监测技术方案,依据验收监测技术方案进行监测、检查及调查,汇总监测结果,对照原设计方案和环境保护主管部门的批复,分析评价结果,得出结论与建议,编写验收监测技术报告。

一、资料的收集和研读

资料的收集和研读是顺利完成整个验收监测的基础。与项目相关的文件、资料均在收集范围内,主要包括项目环境影响评价报告、预审意见、环保部门批复意见和试生产批准文件、有关环保设施的初步设计要求和指标、企业基本概况、试生产期间能反映工程或设备运行情况的数据或参数、污染物排放管网图、环境保护管理和监测工作情况、项目周边环境情况等相关资料。在现场勘察前,承担任务人员需认真研读,尽可能弄清项目与验收监测的有关信息,并制定详细的现场勘察清单,这样既可防止现场勘察时遗漏,也可发现工程实际建设与初步设计、环评报告及批复等要求不一致的地方。

二、现场勘察和生产负荷的确定

现场勘察主要核实所收集的资料,调查项目的基本情况、建设规模及布局、生产工艺及排污状况、主要原辅材料消耗及产品品种与产量、环保防治设施工艺及运行状况、与主体工程相配套的辅助工程、污染源排放管网和排放口位置等。详细检查生产记录,特别是试生产以来月生产情况和工况,了解生产负荷是否达到设计要求,核实实际产品、工艺、生产规模与批复是否相符,计算达到验收监测工况所需的生产能力。此外,还应关注项目周围的环境敏感点、工程实际变更情况及相应的环境影响变化的调查,对明显与环评报告和批复要求不相符处必须严肃指出,并提出相应的意见,确定是否具备验收监测条件,如有异常情况,须及时向环保主管部门做出书面报告。

三、监测方案的制定

监测方案是实施监测的指导书。在资料收集、研读、现场勘察的基础上,按照《建设项目环境保护设施竣工验收监测技术要求》制定项目的监测方案,重点明确验收监测所需达到的生产负荷、环保治理设施运行工况、一类污染物的采样位置和质量控制手段等。告知企业做好开设监测孔、搭建监测平台等准备工作,同时写明监测合同签订时间、现场监测时间、监测报告编写时间、提交监测报告时间和经费概算等。

四、监测与核查并重

验收监测不仅是对环保设施运行效果及污染源达标情况的测试,同时也是对"三同时"制度执行情况、环境影响评价制度落实情况等非测试工作的考核。在具体实施时,对污染治理设施是否正常运行、污染物是否达标排放、排放口是否规范化及是否安装了污染源在线监测仪器等内容十分重视,但也常常忽视一些必要的"软性"内容。例如:初步设计是否落实了环境影响报告书(表)中的要求;项目建设中是否落实了环境影响报告书(表)中的要求、专家审核意见和批复意见;污染和其他公害防治设施是否执行了"三同时"制度;企业内部的环境管理制度是否得到落实等。除此之外,还要考察污染源排放参数、环保设施设计参数是否与排放规模相符,以及环境敏感保护目标和环境生态修复情况等。

五、处理效率和物料平衡

环保设施处理效率是验收监测的重要内容之一。对某些主要处理设施需达到的污染物去除效率,环保主管部门在项目环评报告批复中有明确要求。监测时不能仅以设施的进、出浓度为主要依据,要重视一些主要的工程数据,如各工艺单元的处理数据、投资及运行费用等,更要重视生产中的物料核算和平衡问题,以监测企业生产水平、生产状况、工艺流程为前提,监测结果要与企业整体物料平衡一致。同时,还要重视监测结果的可比性。治理设施的处理效率只有在与环评报告、初步设计中的条件相同时得出的处理效率才具有可比性,否则即使监测结果达到甚至好于设计指标也不真实。

六、验收监测评价指标

进行验收监测评价时,既要评价排污标准中规定的排放浓度指标和总量控制指标,也要对其他如初步设计中污染防治设计指标和环评报告中有关指标加以考核和评价。对一些参照标准一般不作为竣工验收依据的环节,也要引起重视。在评价大气污染物排放时,既考核排气筒高度和最高允许排放速率,必要时还要考核企业内部的环境管理指标。

七、质量保证和质量控制

严格按照验收监测方案、环境监测技术规范和质量保证手册的内容和要求开展验收监测工作,现场监测期间随时掌握建设单位生产工况,确保监测数据的代表性、客观性和公正性。要特别重视生产负荷的确定,只有在工况稳定、处理设施正常运行、生产负荷达到设计生产能力75%以上(或国家、地方排放标准规定的生产负荷)情况下得到的监测数据,才能作为项目验收的依据。此外,还应重视采样过程的误差,采取有效的质量控制手段,确保数据的准确性。

八、报告规范和结果分析

验收监测报告是项目验收的主要技术依据,应全面总结建设项目从立项到建成全过程的环境保护工作,包括"三同时"制度执行情况、环境保护设施建设和措施落实情况、产品和工艺是否符合国家有关产业政策、各项污染物排放监测结果、环境保护设施工程质量和运行状况及处理效果、总量达标情况、清洁生产水平、生态恢复情况、日常环境管理情况和公众意见调查等内容。应根据项目实际情况,对监测和调查的结果做必要分析。如有些项目应在清洁生产审计的基础上判断其清洁生产水平,对环保设施及其工艺技术和运行情况进行评价,找出存在的问题;有些项目需进行经济损益分析;有些项目需对环保规章制度的合理性、实用性和有效性进行分析评价,为企业改进环境管理提供建议。

九、公众参与

公众参与是环境影响评价中的重要内容,在建设项目环评中得到了充分重视,通过公众参与,保障了公众的知情权、参与权和监督权。在验收监测中,更应重视公众意见,主动征询公众特别是项目地附近居民的意见,将公众意见作为项目验收的参考依据。

十、后续监测和管理

由于建设项目试生产时间较短(一般为3个月),生产设备和环保设施在设计、安装、运行阶段的问题不一定能马上暴露,加上验收监测频次有限和企业环境管理人员业务素质参差不齐等主客观因素,建设项目验收工作仍不尽完善。建设项目通过验收并非此项工作的终结,而应加强项目的后续管理。

对验收后建设项目的监督监测是验收监测的延续和补充,同时也是建设项目后续管理的必要手段。只有加强对验收后建设项目的监督监测,定期提出补充报告,才能对建设项目环保设施做出科学、客观的评价。

7.2 验收监测技术报告的编写

一、验收项目概况

简述项目名称、项目性质、建设单位、建设地点、立项过程、环境影响报告书(表)编写单位与完成时间、环评审批部门、审批时间与文号、开工时间、竣工时间、调试时间、申领排污许可证情况、验收工作由来、验收工作的组织与启动时间、验收范围与内容、是否编写了验收监测方案、验收监测方案编写时间、现场验收监测时间、验收监测报告形成过程。

二、验收依据

验收依据包括以下内容:
(1)建设项目环境保护相关法律、法规、规章和规范;
(2)建设项目竣工环境保护验收技术规范;
(3)建设项目环境影响报告书(表)及审批部门审批决定;
(4)主要污染物总量审批文件;
(5)环境保护部门其他审批文件等。

三、工程建设情况

(一)地理位置及平面布置

简述项目所处地理位置,所在省市县区,周边易于辨识的交通要道及其他环境情况,重点突出项目所处地理区域内有无环境敏感目标,生产经营场所中心经度与纬度;本项目主要设备、主要声源在厂区内所处的相对位置,附地理位置图和厂区总平面布置图。厂区总平面布置图上要注明厂区周边环境情况、主要污染源位置、废水和雨水排放口位置,以及厂界周围噪声敏感点与厂界、排放源的相对位置、距离,噪声监测点、无组织监测点位也可在图上标明。

（二）建设内容

简述项目产品、设计规模、工程组成、建设内容、实际总投资,附环评及批复阶段建设内容与实际建设内容一览表(对于与环评及批复不一致的要备注)。对于改、扩建项目,应简单介绍原有工程及公辅设施情况,以及本项目与原有工程的依托关系等。

（三）主要原辅材料及燃料

列表说明主要原料、辅料、燃料的名称、来源、设计消耗量、调试期间消耗量,给出燃料设计与实际的灰分、硫分、挥发分及热值。

（四）水平衡

简述建设项目生产用水和生活用水来源、用水量、循环水量、废水回用量和排放量,附上水平衡图。

（五）生产工艺

简述主要生产工艺原理、流程,并附上生产工艺流程与产污排污环节示意图。

（六）项目变动情况

如果项目发生重大变动或存在变化情况,应简述或列表说明,主要包括环评及批复阶段要求、实际建设情况、变动原因、发生重大变动的有无重新报批环评文件、存在变化情况的有无变动说明。

四、环境保护设施

（一）污染物治理、处置设施

(1)废水:简述废水类别、来源于何种工序、污染物种类、治理设施、排放去向,并列表说明,主要包括废水类别、来源、污染物种类、排放规律(连续间断)、排放量、治理设施、工艺与设计处理能力、设计指标、废水回用量、排放去向[不外排,排至厂内综合污水处理站,直接进入海域,直接进入江、湖、库等水环境,进入城市下水道再入江河、湖、库、沿海海域,进入城市污水处理厂,进入其他单位,进入工业废水集中处理厂,其他(包括回喷、回填、回灌等)]。附上主要废水治理工艺流程图、全厂废水及雨水流向示意图、废水治理设施图。

(2)废气:简述废气来源于何种工序或生产设施、废气名称、污染物种类、排放形式(有组织排放、无组织排放)及治理设施,并列表说明,主要包括废气名称、来源、污染物种类、排放形式治理设施、治理工艺、设计指标排气筒高度与内径尺寸、排放去向、治理设施监测点设置或开孔情况等。附上主要废气治理工艺流程图、废气治理设施图。

(3)噪声:简述主要噪声来源、类别、治理措施,并列表说明,主要包括噪声源设备名称、噪声源强度、台数、位置、运行方式及治理措施(如隔声、消声、减振、设备选型、设置防护距离、平面布置等)。附上噪声治理设施图。

(4)固(液)体废物:简述或列表说明固(液)体废物名称、来源、性质、产生量、处理处置量、处理处置方式,一般固体废物暂存与污染防治及合同签订情况,危险废物暂存与污染防治及合同签订、委托单位资质、危废转移联单情况等。

若涉及固(液)体废物贮存场(如灰场、赤泥库等)的,还应简述贮存场地理位置、与厂区的距离、类型(山谷型或平原型)、贮存方式、设计规模与使用年限、输送方式、输送距离、场区集水及排水系统、场区防渗系统、污染物及污染防治设施、场区周边环境敏感点情况等。

附上相关生产设施、环保设施及敏感点图片。

(二)其他环保设施

(1)环境风险防范设施:简述危险化学品贮罐区、油罐区、其他装置区围堰尺寸,重点区域防渗工程、地下水监测(控)井设置数量及位置,事故池数量、尺寸、位置,初期雨水收集系统及雨水切换阀位置、切换方式,危险气体报警器数量、安装位置、常设报警限值,事故报警系统,应急处置物资贮备等。

(2)在线监测装置:简述废水、废气在线监测装置安装位置、数量、型号、监测因子、监测数据联网系统等。

(3)其他设施:"以新带老"改造工程、污染物排放口规范化工程、绿化工程、边坡防护工程等其他环境影响报告书(表)及审批部门审批决定中要求采取的其他环境保护设施。

(三)环保设施投资及"三同时"落实情况

简述项目实际总投资额、环保投资额及环保投资占总投资额的百分率,列表说明废水、废气、噪声、固体废物、绿化、其他等各项环保设施实际投资情况。

简述项目环保设施设计单位与施工单位及环保设施"三同时"落实情况,附上项目环保设施环评、初步设计、实际建设情况一览表。

五、建设项目环境影响报告书(表)的主要结论与建议及审批部门审批决定

(一)建设项目环境影响报告书(表)的主要结论与建议

摘录环境影响报告书(表)中对废水、废气、固体废物及噪声污染防治设施效果的要求、工程建设对环境的影响及要求、其他在验收中需要考核的内容。有重大变动环评报告的,也要摘录变动环评报告的相关要求。

(二)审批部门审批决定

原文抄录环保部门对项目环境影响报告书(表)的批复意见。有重大变动环评报告批复的,也要抄录变动环评批复的意见。

六、验收执行标准

按环境要素分别以表格形式列出验收执行的国家或地方污染物排放标准、环境质量标准的名称、标准号、标准等级和限值,主要污染物总量控制指标与审批部门审批文件名称、文号,以及其他执行标准的标准来源、标准限值等。

七、验收监测内容

(一)环境保护设施调试效果

通过对各类污染物达标排放及各类污染治理设施去除效率的监测,来说明环境保护设施调试效果,具体监测内容如下。

1. 废水

列表给出废水类别、监测点位、监测因子、监测频次及监测周期,雨水排口也应设点监测(有水则测),附上废水(包括雨水)监测点位布置图。

2. 废气

(1)有组织排放。列表给出废气名称、监测点位、监测因子、监测频次及监测周期,并附上废气监测点位布置图,涉及等效排气筒的还应附上各排气筒相对位置图。

(2)无组织排放。列表给出无组织排放源、监测点位、监测因子、监测频次及监测周期,并附上无组织排放监测点位布置图。无组织排放监测时,同时测试并记录各监测点位的风向、风速等气象参数。

3. 厂界噪声监测

列表说明厂界噪声监测点位名称、监测因子、监测频次及监测周期,附上厂界监测点位布置图。

4. 固(液)体废物监测

简述固(液)体废物监测点位设置依据,列表说明固(液)体废物名称、采样点位、监测因子、监测频次及监测周期。

(二)环境质量监测

环境影响报告书(表)及其审批部门审批决定中对环境敏感保护目标有要求的要进行环境质量监测,以说明工程建设对环境的影响,主要涉及环境地表水、地下水和海水、环境空气、声环境、环境土壤质量等的监测。监测内容如下:

简述环境敏感点与本项目的关系,说明环境质量监测点位或监测断面布设及监测因子的选取情况。按环境要素分别列表说明监测点位名称、监测点位经纬度、监测因子、监测频次及监测周期,附上监测点位布置图[图中标注噪声敏感点与本项目噪声源及厂界的相对位置与距离,地表水或海水监测断面(点)与废水排放口的相对位置与距离,地下水、土壤与污染源相对位置与距离]。

八、质量保证及质量控制

排污单位应建立并实施质量保证与控制措施方案,以自证自行监测数据的质量。

(一)监测分析方法

按环境要素说明各项监测因子监测分析方法名称、方法标准号或方法来源、分析方法的最低检出限。

(二)监测仪器

按照监测因子给出所使用的仪器名称、型号、编号,以及自校准或检定校准或计量检定情况。

(三)人员资质

简述参加验收监测人员资质或能力情况。

(四)水质监测分析过程中的质量保证和质量控制

水样的采集、运输、保存、实验室分析和数据计算的全过程均按《环境水质监测质量保证手册》(第四版)的要求进行。采样过程中应采集一定比例的平行样;实验室分析过程一般应使用标准物质,采用空白实验、平行样测定、加标回收率测定等,并对质控数据进行分析,附上质控数据分析表。

(五)气体监测分析过程中的质量保证和质量控制

(1)尽量避免被测排放物中共存污染物对分析的交叉干扰。

(2)被测排放物的浓度在仪器量程的有效范围内(即 30%～70%之间)。

(3)对于烟尘采样器,在进入现场前应对采样器流量计、流速计等进行校核。对于烟气监测(分析)仪器,在测试前按监测因子分别用标准气体和流量计对其进行校核(标定),在测试时应保证其采样流量的准确性。附上烟气监测校核质控表。

(六)噪声监测分析过程中的质量保证和质量控制

声级计在测试前后用标准发声源进行校准,测量前后仪器的灵敏度相差不大于0.5 dB,若大于 0.5 dB,则测试数据无效。附上噪声仪器校验表。

(七)固体废物监测分析过程中的质量保证和质量控制

采样过程中应采集一定比例的平行样;实验室分析样品时应使用标准物质,采用空白实验、平行样测定、加标回收率测定等,并对质控数据进行分析,附上质控数据分析表。

九、验收监测结果

(一)生产工况

简述验收监测期间实际运行工况及工况记录方法、各项环保设施运行状况,列表说明能反映设备运行负荷的数据或关键参数。若有燃料,附上燃料成分分析表。

(二)环境保护设施调试效果

1. 废水达标排放监测结果

废水监测结果按废水种类分别以监测数据列表表示,根据相关评价标准评价废水达标排放情况。若排放有超标现象,应对超标原因进行分析。

2. 废气达标排放监测结果

(1)有组织排放。有组织排放监测结果按废气类别分别以监测数据列表表示,根据相关评价标准评价废气达标排放情况。若排放有超标现象,应对超标原因进行分析。

(2)无组织排放。无组织排放监测结果以监测数据列表表示,根据相关评价标准评价无组织排放达标情况。若排放有超标现象,应对超标原因进行分析。附上无组织排放监测时气象参数记录表。

3. 厂界噪声达标排放监测结果

厂界噪声监测结果以监测数据列表表示,根据相关评价标准评价厂界噪声达标排放情况。若排放有超标现象,应对超标原因进行分析。

4. 固(液)体废物达标排放监测结果

固(液)体废物监测结果以监测数据列表表示,根据相关评价标准评价固(液)体废物达标情况。若排放有超标现象,应对超标原因进行分析。

5. 污染物排放总量核算

根据各排污口的流量和监测浓度,计算本工程主要污染物排放总量,评价是否满足审批部门审批的总量控制指标。无总量控制指标的不评价,仅列出环境影响报告书(表)预测值。

对于有"以新带老"要求的,按环境影响报告书(表)列出"以新带老"前原有工程主要污染物排放量,并根据监测结果计算"以新带老"后主要污染物产生量和排放量,涉及"区域削减"的,给出实际区域平衡替代削减量,并计算出项目实施后主要污染物的增减量。附上主要污染物排放总量核算结果表。

若项目废水接入下游污水处理厂,则只核算出接管总量,不计算排入外环境的总量。

6. 环保设施去除效率监测结果

(1)废水治理设施。根据各类废水治理设施进、出口监测结果,计算主要污染物去除效率,评价是否满足环评及审批部门审批决定或设计指标。

(2)废气治理设施。根据各类废气治理设施进、出口监测结果,计算主要污染物去除效率,评价是否满足环评及审批部门审批决定或设计指标。

（3）厂界噪声治理设施。根据监测结果评价噪声治理设施的降噪效果。

（4）固体废物治理设施。根据监测结果评价固体废物治理设施的处理效果。

（三）工程建设对环境的影响

环境质量监测结果分别以地表水、地下水、环境空气、土壤、海水监测数据及敏感点噪声监测数据列表表示，根据相关环境质量标准或环评及审批部门审批决定，评价达标情况（无执行标准不评价）。若排放有超标现象，应对超标原因进行分析。

十、验收监测结论

（一）环境保护设施调试效果

简述废水、废气（有组织排放、无组织排放）、厂界噪声、固（液）体废物监测结果及达标排放情况，主要污染物排放总量达标情况，各项环保设施主要污染物去除效率是否符合环评及审批部门审批决定或设计指标。

（二）工程建设对环境的影响

简述项目周边地表水、地下水、环境空气、土壤及海水的环境质量及敏感点噪声是否达到验收执行标准。

十一、建设项目环境保护"三同时"竣工验收登记表

建设项目环境保护"三同时"竣工验收登记表的填写，参见《建设项目竣工环境保护验收技术指南　污染影响类》（公告 2018 年第 9 号）。

第八章　环境监测质量控制和数据处理分析

8.1　误差及其分类与表示方法

监测中所得到的许多物理、化学和生物学数据,是描述和评价环境质量的基本依据,因此对数据的准确度有一定的要求。但是,由于分析方法、测量仪器、试剂药品、环境因素以及分析人员主观条件等方面的限制,使得测定结果与真实值不一致,在环境监测中存在误差。

一、误差及其分类

误差是分析结果(测量值)与真实值之间的差值。根据误差的性质和来源,误差可分为系统误差和偶然误差。

(一)系统误差

系统误差又称可测误差或恒定误差,是由分析测量过程中某些恒定因素造成的,在一定条件下具有重现性,并不因增加测量次数而减少系统误差。产生系统误差的原因有方法误差、仪器误差、试剂误差、恒定的个人误差和环境误差等。系统误差可以通过采取不同的方法,如校准仪器,进行空白实验、对照实验、回收实验,制定标准规程等而得到适当的校正,使系统误差减小或消除。

(二)偶然误差

偶然误差又称随机误差或不可测误差,是由分析测定过程中各种偶然因素造成的。这些偶然因素包括测定时温度的变化、电压的波动、仪器的噪声、分析人员的判断能力等。它们所引起的误差有时大、有时小,有时正、有时负,没有什么规律性,难以发现和控制。在消除系统误差后,在相同条件下多次测量,偶然误差遵从正态分布规律,当测定次数无限多时,偶然误差可以消除。但是,在实际的环境监测分析中,测定次数有限,因此偶然误差不可避免。要想减少偶然误差,需要适当增加测定次数。

二、误差的表示方法

(一)绝对误差和相对误差

绝对误差是测量值(x,单一测量值或多次测量的均值)与真值(x_t)之差,绝对值有正负之分。

$$绝对误差 = x - x_t$$

相对误差指绝对误差与真值之比(常以百分数表示):

$$相对误差 = \frac{x - x_t}{x_t} \times 100\%$$

绝对误差和相对误差均能反映测定结果的准确程度,误差越小越准确。

(二)绝对偏差和相对偏差

绝对偏差(d)是测定值(x)与均值($\overline{x}$)之差,即

$$d = x - \overline{x}$$

相对偏差是绝对偏差与均值之比(常以百分数表示),即

$$相对偏差 = \frac{d}{\overline{x}} \times 100\%$$

(三)标准偏差和相对标准偏差

标准偏差用 s 表示:

$$s = \sqrt{\frac{1}{n-1} \sum_{i=0}^{n} (x_i - \overline{x})^2}$$

相对标准偏差又称变异系数,是样本标准偏差与样本均值之比,记为 Cv。

8.2　准确度、精密度和灵敏度

一、准确度

准确度是用一个特定的分析程序所获得的分析结果(单次测定值或重复测定值的均值)与假定的或公认的真值之间符合程度的度量。它是反映分析方法或测量系统存在的系统误差和随机误差两者的综合指标,并决定分析结果的可靠性。准确度用绝对误差和相对误差表示。

评价准确度的方法有两种:第一种是用某一方法分析标准物质,据其结果确定准确

度;第二种是"加标回收"法,即在样品中加入标准物质,测定其回收率,以确定准确度。多次回收实验还可发现方法的系统误差,这是目前常用而方便的方法,其计算式是:

$$回收率 = \frac{加样试样测定值 - 试样测定值}{加标值} \times 100\%$$

所以,通常加入标准物质的量以与待测物质的浓度水平接近为宜,因为加入标准物质量的大小对回收率有影响。

二、精密度

精密度是指用一特定的分析程序在受控条件下重复分析均一样品所得测定值的一致程度。它反映分析方法或测量系统所存在随机误差的大小。标准偏差和相对标准偏差都可用来表示精密度大小,较常用的是标准偏差。

在讨论精密度时,常要遇到如下术语:

(1)平行性。平行性系指在同一实验室中,当分析人员、分析设备和分析时间都相同时,用同一分析方法对同一样品进行双份或多份平行样测定结果之间的符合程度。

(2)重复性。重复性系指在同一实验室内,当分析人员、分析设备和分析时间三因素中至少有一项不相同时,用同一分析方法对同一样品进行的两次或两次以上独立测定结果之间的符合程度。

(3)再现性。再现性系指在不同实验室(分析人员、分析设备,甚至分析时间都不相同),用同一分析方法对同一样品进行多次测定结果之间的符合程度。

通常室内精密度是指平行性和重复性的总和;而室间精密度(即再现性),通常用分析标准溶液的方法来确定。

三、灵敏度

分析方法的灵敏度是指该方法对单位浓度或单位量的待测物质的变化所引起的响应量变化的程度。它可以用仪器的响应量或其他指示量与对应的待测物质的浓度或量之比来描述,因此常用标准曲线的斜率来度量灵敏度。灵敏度因实验条件而变。标准曲线的直线部分以公式表示:

$$A = kc + a$$

式中,A——仪器的响应量;

c——待测物质的浓度;

a——标准曲线的截距;

k——方法的灵敏度,k 值大,说明方法灵敏度高。

8.3　检测限和测定限

一、检测限

检测限指某一分析方法在给定的可靠程度内可以从样品中检测待测物质的最小浓度或最小量。检测是指定性检测,即断定样品中确定存在浓度高于空白的待测物质。

检测限有几种规定,简述如下。

(1)分光光度法中规定以扣除空白值后,吸光度为 0.01 相对应的浓度值为检测限。

(2)气相色谱法中规定检测器产生的响应信号为噪声值两倍时的量。最小检测浓度是指最小检测量与进样量(体积)之比。

(3)离子选择性电极法规定,某一方法的标准曲线的直线部分外延的延长线与通过空白电位且平行于浓度轴的直线相交时,其交点所对应的浓度值即为检测限。

(4)《全球环境监测系统水监测操作指南》中规定,给定置信水平为 95% 时,样品浓度的一次测定值与零浓度样品的一次测定值有显著性差异者,即为检测限(L)。当空白测定次数 n 大于 20 时,

$$L = 4.6\sigma_{wb}$$

式中,σ_{wb}——空白平行测定(批内)标准偏差。

检测上限是指标准曲线直线部分的最高限点(弯曲点)相应的浓度值。

二、测定限

测定限分测定下限和测定上限。测定下限是指在测定误差能满足预定要求的前提下,用特定方法能够准确地定量测定待测物质的最小浓度或量;测定上限是指在测定误差能满足预定要求的前提下,用特定方法能够准确地定量测定待测物质的最大浓度或量。

最佳测定范围又叫有效测定范围,系指在测定误差能满足预定要求的前提下,特定方法的测定下限到测定上限之间的浓度范围。

方法运用范围是指某一特定方法检测下限至检测上限之间的浓度范围。显然,最佳测定范围应小于方法适用范围。

8.4　监测数据的统计处理和结果表述

一、数据修约规则

(一)有效数字

有效数字指在监测分析工作中实际能够测量到的数字。有效数字由其前面所有的准确数字及最后一位估计的可疑数字组成,每一位数字都为有效数字。例如用滴定管进行滴定操作,滴定管的最小刻度是 0.1 mL,如果滴定分析中用去标准溶液的体积为 15.35 mL,前 3 位"15.3"是从滴定管的刻度上直接读出来的,而第 4 位"5"是在 15.3 和 15.4 刻度中间用眼睛估计出来的。显然,前 3 位是准确数字,第 4 位不太准确,叫作可疑数字,但这 4 位都是有效数字。

有效数字与通常数学上一般数字的概念不同。一般数字仅反映数值的大小,而有效数字既反映测量数值的大小,也反映一个测量数值的准确程度。如用分析天平称量药品时,称量的药品质量为 1.5643 g,是 5 位有效数字。它不仅说明了试样的质量,也表明了最后一位"3"是可疑的。有效数字的位数说明了仪器的种类和精密程度。例如,用"g"作单位,分析天平可以准确到小数点后第 4 位数字,而用台秤只能准确到小数点后第 2 位数字。

(二)数字修约规则

在数据运算过程中,遇到测量值的有效数字位数不相同时,必须舍弃一批多余的数字,以便于运算,这种舍弃多余数字的过程称为数字修约过程。有效数字修约应遵守《数值修约规则与极限数值的表示和判定》(GB/T 8170—2008)的有关规定,可总结为:四舍六入五考虑,五后非零则进一,五后皆零视奇偶,五前为偶应舍去,五前为奇则进一。数字修约时,只允许对原测量值一次修约到所要的位数,不能分次修约,例如 53.4546 修约为 4 位数时,应该为 53.45,不可以先修约为 53.455,再修约为 53.46。

(三)有效数字运算规则

各种测量、计算的数据需要修约时,应遵守下列规则。

(1)加减法运算规则。加减法中,误差按绝对误差的方式传递,运算结果的误差应与各数中绝对误差最大者相对应。故几个数据相加减后的结果,其小数点后的位数应与各数据中小数点后位数最小的相同。运算时,各数据可先取比小数点后位数最少的多留一位小数,进行加减,然后按上述规则修约。

(2)乘除法。在乘除法中,有效数字的位数应与各数中相对误差最大的位数相对应,即根据有效数字位数最少的数来进行修约,与小数点的位置无关。

（3）乘方和开方。一个数乘方和开方的结果,其有效数字的位数与原数据的有效数字位数相同。

（4）对数。对数值,如 pH、$\lg c$ 等,其有效数字位数仅取决于小数部分（尾数）数字的位数,整数部分只代表该数的方次。

另外,求 4 个或 4 个以上测量数据的平均值时,其结果的有效数字的位数增加一位;误差和偏差的有效数字通常只取 1 位,测定次数很多时,方可取 2 位,并且最多取 2 位,但在运算过程中先不修约,最后修约到要求的位数。

二、可疑数据的取舍

与正常数据不是来自同一分布总体,明显歪曲实验结果的测量数据,称为离群数据。可能会歪曲实验结果,但尚未经检验断定其是离群数据的测量数据,称为可疑数据。在数据处理时,必须剔除离群数据以使测定结果更符合客观实际。正确数据总有一定分散性,如果人为地删去一些误差较大但并非离群的测量数据,由此得到精密度很高的测量结果并不符合客观实际。因此对可疑数据的取舍必须遵循一定的原则。

测量中发现明显的系统误差和过失误差,由此而产生的数据应随时剔除。而可疑数据的舍取应采用统计方法判别,即离群数据的统计检验。检验的方法很多,现介绍最常用的两种。

（一）狄克逊（Dixon）检验法

此法适用于一组测量值的一致性检验,剔除离群值。本法中对最小可疑值和最大可疑值进行检验的公式因样本的容量（n）不同而异,检验方法如下:

①将一组数据从小到大顺序排列为 $x_1,x_2,\cdots,x_n,x_1$ 和 x_n 分别为最小可疑值和最大可疑值。

②按表 8-1 计算式求 Q 值。

③根据给定的显著性水平（a）和样本容量（n）,从表 8-2 查得临界值（Q_a）。

④若 $Q\leqslant Q_{0.05}$ 则可疑值为正常值;若 $Q_{0.05}<Q\leqslant Q_{0.01}$ 则可疑值为偏离值;若 $Q>Q_{0.01}$ 则可疑值为离群值。

表 8-1　狄克逊检验统计量 Q 计算

n 值范围	可疑数据为最小值 x_1 时	可疑数据为最大值 x_n	n 值范围	可疑数据为最小值 x_1 时	可疑数据为最大值 x_n 时
3~7	$Q=\dfrac{x_2-x_1}{x_n-x_1}$	$Q=\dfrac{x_n-x_{n-1}}{x_n-x_1}$	11~13	$Q=\dfrac{x_3-x_1}{x_{n-1}-x_1}$	$Q=\dfrac{x_n-x_{n-2}}{x_n-x_2}$
8~10	$Q=\dfrac{x_2-x_1}{x_{n-1}-x_1}$	$Q=\dfrac{x_n-x_{n-1}}{x_n-x_2}$	14~25	$Q=\dfrac{x_3-x_1}{x_{n-2}-x_1}$	$Q=\dfrac{x_n-x_{n-2}}{x_n-x_3}$

表 8-2　狄克逊检验临界值(Q_a)

n	显著水平(a)		n	显著水平(a)	
	0.05	0.01		0.05	0.01
3	0.941	0.988	15	0.525	0.616
4	0.765	0.889	16	0.507	0.595
5	0.642	0.780	17	0.490	0.577
6	0.560	0.698	18	0.475	0.561
7	0.507	0.637	19	0.462	0.547
8	0.554	0.683	20	0.450	0.535
9	0.512	0.635	21	0.440	0.524
10	0.477	0.597	22	0.430	0.514
11	0.576	0.679	23	0.421	0.505
12	0.546	0.642	24	0.413	0.497
13	0.531	0.615	25	0.406	0.489
14	0.546	0.641			

(二)格鲁勃斯(Grubbs)检验法

此法适用于检验多组测量值均值的一致性,剔除多组测量值中的离群均值;也可用于检验一组测量值一致性,剔除一组测量值中的离群值。方法如下:

(1)有 m 组测定值,每组 n 个测定值的均值分别为 $\overline{x}_1,\overline{x}_2,\overline{x}_3,\cdots,\overline{x}_m$,其中最大均值记为 $\overline{x}_{max}$,最小均值记为 $\overline{x}_{min}$。

(2)由 m 个均值计算总均值 $\overline{\overline{x}}$ 和标准偏差 $s_{\overline{x}}$:

$$\overline{\overline{x}}=\frac{1}{m}\sum_{i=1}^{m}\overline{x}_i,\quad s_{\overline{x}}=\sqrt{\frac{\sum_{i=1}^{m}(\overline{x}_i-\overline{\overline{x}})^2}{m-1}}$$

(3)可疑均值为最大值($\overline{x}_{max}$)和最小值($\overline{x}_{min}$)时,按下式计算统计量 T_1、T_2:

$$T_1=\frac{\overline{x}_{max}-\overline{\overline{x}}}{s_{\overline{x}}},\quad T_2=\frac{\overline{\overline{x}}-\overline{x}_{min}}{s_{\overline{x}}}$$

(4)根据测定值组数和给定的显著性水平(a),从表 8-3 查得临界值(T_a)。

(5)若 $T\leqslant T_{0.05}$,则可疑均值为正常均值;若 $T_{0.05}<T\leqslant T_{0.01}$,则可疑均值为偏离均值;若 $T>T_{0.01}$,则可疑均值为离群均值,应予剔除,即剔除含有该均值的一组数据。

表 8-3　格鲁勃斯检验临界值(T_a)

m	显著性水平(a)		m	显著性水平(a)	
	0.05	0.01		0.05	0.01
3	1.153	1.155	15	2.409	2.705
4	1.463	1.492	16	2.443	2.747
5	1.672	1.749	17	2.475	2.785
6	1.822	1.944	18	2.504	2.821
7	1.938	2.097	19	2.532	2.854
8	2.032	2.221	20	2.557	2.884
9	2.110	2.323	21	2.580	2.912
10	2.176	2.410	22	2.603	2.939
11	2.234	2.485	23	2.624	2.963
12	2.285	2.550	24	2.644	2.987
13	2.331	2.607	25	2.663	3.009
14	2.371	2.659			

三、均数置信区间和 t 值

环境监测实验是在满足精度要求的前提下，用有限的测定值代表总体的环境质量值。均数置信区间考察样本均数($\overline{x}$)代表总体均数(μ)的可靠程度。从正态分布曲线可知，68.26％的数据在($\mu\pm\sigma$)区间之中，95.44％的数据在($\mu\pm2\sigma$)区间之间。正态分布理论是从大量数据中列出的。当从同一总体中随机抽取足够量的大小相同的样本，并对它们测定得到一批样本均数，如果原总体是正态分布，则这些样本均数的分布将随样本容量(n)的增大而趋向正态分布。样本均数($\overline{x}$)与总体均数(μ)之间的关系用下式表示：

$$\mu=\overline{x}\pm t\frac{s}{\sqrt{n}}$$

式中，t——t 检验值；

　　s——样本标准差；

　　n——样本数。

式中的 $\overline{x}$、s 和 n 通过测定可得，t 与样本容量(n)和置信度有关，而后者可以直接指定。当 n 一定，置信度愈大 t 愈大，其结果的数值范围也愈大。而置信度一定时，n 愈大 t 值愈小，数值范围也愈小。置信水平不是一个单纯的数学问题。置信度过大反而无实用价值。例如 100％的置信度，则数值区间为[$-\infty$，$+\infty$]，通常采用 90％～95％置信度

[P(双侧)对应为 0.10～0.05]。

四、监测结果的表述

环境监测实验中所得到的许多物理、化学和生物学数据,是描述和评价环境质量的基本依据。监测数值反映客观环境的真实值,但真实值很难测定,总体均值可以认为接近真值,然而实际测定的次数是有限的,所以常用有限次的监测数据来反映真实值,其结果表达方式一般有如下几种。

(1)用算术均数($\overline{x}$)代表集中趋势。测定过程中排除系统误差和过失误差后,只存在随机误差,根据正态分布的原理,当测定次数无限多($n \rightarrow \infty$)时的总体均值(μ)应与真值(x_t)很接近,但实际只能测定有限次数,因此样本的算术均数是代表集中趋势表达监测结果的最常用方式。

(2)用算术均数和标准偏差表示测定结果的精密度($\overline{x} \pm s$)。算术均值代表集中趋势,标准偏差表示离散程度。算术均值代表性的大小与标准偏差的大小有关,即标准偏差大,算术均数代表性小,反之亦然,故而监测结果常以$\overline{x} \pm s$ 表示。

(3)用($\overline{x} \pm s$,Cv)表示结果。标准偏差大小还与所测均数水平或测量单位有关。不同水平或单位的测定结果之间,其标准偏差是无法进行比较的,而变异系数是相对值,故可在一定范围内用来比较不同水平或单位测定结果之间的变异程度。

8.5　实验室质量保证

在保证实验室的分析测试仪器、化学试剂、分析人员的技术水平以及日常管理工作符合要求的基础上,在监测方案符合质量要求的前提下,进行监测实验分析时还要采取下面的一些控制措施。

一、选择适当的分析方法

正确选择监测分析方法,是获得准确结果的关键因素之一。选择分析方法应遵循的原则是:灵敏度能满足定量要求;方法成熟、准确;操作简便,易于普及;抗干扰能力好。根据上述原则,为使监测数据具有可比性,各国在大量实践的基础上,对环境中的不同污染物质都编制了相应的分析方法。我国环境监测分析方法目前有 3 个层次:标准分析方法、统一分析方法和等效方法。它们互相补充,构成完整的监测分析方法体系。

(一)标准分析方法

我国已编制多项包括采样在内的标准分析方法,这是一些比较经典、准确度较高的方法,是环境污染纠纷法定的仲裁方法,也是用于评价其他分析方法的基准方法。

（二）统一分析方法

统一分析方法是环境部门或其他部门建立起来经验证的适用方法。这种方法尚不够成熟,但这些项目又急需测定,因此经过研究作为统一方法予以推广,在使用中积累经验,不断完善,为上升为国家标准方法创造条件。

（三）等效方法

与标准分析方法和统一分析方法的灵敏度、准确度具有可比性的分析方法称为等效方法。这类方法可能采用新的技术,鼓励有条件的单位先用起来,以推动监测技术的进步。但是,新方法必须经过方法验证和对比实验,证明其与标准分析方法或统一分析方法是等效的才能使用。

二、标准曲线的线性和回归分析

标准曲线是用于描述待测物质的浓度或量与相应的测量仪器的响应量或其他指示量之间的定量关系的曲线。监测中常用标准曲线的直线部分。某一方法的标准曲线的直线部分所对应的待测物质浓度（或量）的变化范围,称为该方法的线性范围。标准曲线中各浓度点不得少于 5 个（不含空白）,浓度范围应涵盖样品的测定范围。采用标准曲线法进行定量分析时,需对标准曲线的相关性、精密度和置信区间进行统计分析,检验斜率、截距和相关系数是否正常。标准曲线 $y=a+bx$ 的相关系数一般应大于或等于 0.999。截距 a 一般应小于或等于 0.005（减测试空白后计算）；当 a 大于 0.005 时,将截距 a 与 0 做 t 检验,当置信水平为 95% 时,若无显著差异,也为合格。否则需从分析方法、仪器设备、量器、试剂和操作等方面查找原因,改进后重新绘制标准曲线。

三、空白实验

空白实验又叫空白测定,是指用蒸馏水代替试样的测定。其所加试剂和操作步骤与实验测定完全相同。空白实验应与试样测定同时进行,试样分析时仪器的响应值（如吸光度、峰高等）不仅是试样中待测物质的分析响应值,还包括所有其他因素,如试剂中杂质及操作过程中沾污的响应值,这些因素是经常变化的,为了了解它们对试样测定的综合影响,在每次测定时,均应做空白实验。空白实验所得的响应值称为空白实验值。对实验用水有一定的要求,即其中待测物质浓度应低于方法的检出限。当空白实验值偏高时,应全面检查空白实验用水、试剂的空白、量器和容器是否沾污、仪器的性能以及环境状况等。

四、质量控制图的绘制与使用

质量控制图指以概率论及统计检验为理论基础而建立的一种既便于直观地判断分析质量,又能全面、连续地反映分析测定结果波动状况的图形。它是一种简单的、有效的统计方法,可用于工业产品的质量控制,也可用于环境监测中日常监测数据的有效性检验。应用质量控制图是监测常规分析过程中可能出现的误差,控制分析数据在一定的精密度范围内,保证常规分析数据质量的有效方法。

质量控制图通常由一条中心线(预期值)和上、下警告线,上、下控制线以及上、下辅助线组成。横坐标为样品的序号(或日期),纵坐标为统计量,如图 8-1 所示。

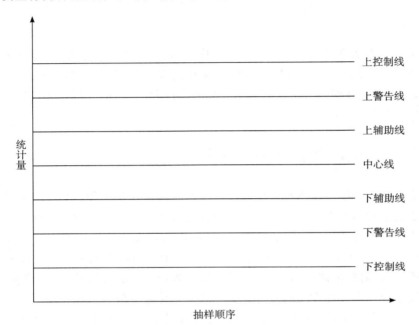

图 8-1　质量控制图的基本组成

预期值为图中的中心线。

目标值为图中上、下警告线之间的区域。

实测值的可接受范围为图中上、下控制线之间的区域。

辅助线上、下各一条,在中心线两侧与上、下警告线之间各一半处。

常用的质量控制图有均值控制图和均值极差控制图等,在日常分析时,质量控制样品与被测样品同时进行分析,将质量控制样品的测定结果标于质量控制图中,判断分析过程是否处于受控状态。如果测定值落在中心附近、上下警告线之内,则表示分析正常,此批样品测定结果可靠;如果测定值落在上下控制线之外,表示分析失控,测定结果不可信,应检查原因,纠正后重新测定;如果测定值落在上下警告线和上下控制线之间,虽分析结果可接受,但有失控倾向,应予以注意。如遇到 7 点连续上升或下降时(虽然数值在控制范围之内),表示测定有失去控制倾向,应查明原因,予以纠正。

第九章　现代生物技术在环境监测中的应用简介

9.1　生物酶抑制技术简介

生物酶抑制技术是利用环境污染物,如农药、重金属等在体外对特定酶具有抑制作用的原理,加入该酶催化的底物(显色剂),以显色剂是否显色以及显色程度反映酶是否受抑制以及被抑制的程度,来判断检测环境污染物是否存在以及含量的多少。

目前,国内外开发了建立在显色反应基础上的酶片、酶标签等速测产品,酶片便携、易操作的优点,使其成为较好的农药在线检测技术。美国某研究所开发出了一种称为农药检测器的"酶标签",这种酶标签对乙酰胆碱酯酶的抑制灵敏,可用于测定水中有机磷和氨基甲酸酯类农药的含量,检测限为 0.1~10 mg/kg。上海交通大学、上海昆虫研究所也研制出简易、快速检测有机磷农药的酶片和生色基质片,灵敏度为 0.1~10 mg/kg。

重金属对土壤酶(脲酶、H_2O_2 酶、转移酶)的活性有一定的影响,利用土壤酶对重金属的敏感性,以酶的各项指标作为重金属的污染指数是可行的。比如,利用重金属与EDTA或DTPA络合后对荧光酶的抑制作用,以荧光菌放射荧光强度测定土壤中的重金属。

随着酶源的开发,新的酶源取材方便、制备容易及廉价,基于酶抑制技术及其反应原理而发展起来的固定化酶快速检测技术、生物传感快速检测技术、酶联免疫检测技术等也取得了飞速的发展。

9.2　酶免疫测定技术简介

酶免疫测定技术是生物酶技术、免疫技术应用于环境检测领域的一门新技术,主要依据抗原和抗体之间的特异性反应来进行。以环境污染物为抗原,使免疫动物获得特异性抗体,该抗体与抗原在动物体外也可以进行特异性的反应,引入一种酶作为示踪物。常用辣根过氧化物酶等以揭示微量抗原与抗体的免疫学反应进行测定。其中酶联免疫吸附测定技术(enzyme-linked immunosorbent assay,ELISA)使用最广泛,它将具有高度特异性的抗原抗体反应结合酶对底物高度的催化效应结合,对受检样品中的酶标免疫反应的实验结果采用现代光学分析仪器进行光度测定。在 ELISA 检测过程中,酶催化具有高度的放大作用,许多酶分子每分钟能催化生成 10^5 个分子以上的产物,使测定更为灵敏、准确,检测极限达 $0.01\sim0.1$ mg/kg。

目前,国内外已经报道了杀虫剂、杀菌剂、除草剂等农药中有机多氯联苯、抗生素等污染物的酶联免疫分析方法,其中用于现场快速分析的酶联免疫试剂盒已商品化。一种光纤传感器以竞争性免疫为理论基础,以荧光酶作底物,对环戊二烯类杀虫剂的检测极限达 μg/kg。

将 ELISA 应用于特定微生物的跟踪检测和菌种的鉴定与定量化,其灵敏性可与聚合酶链式反应(polymerase chain reaction,PCR)技术相当,免疫荧光技术与激光共聚焦扫描相结合特别适用于复合的环境样品的检测。有人报道了应用竞争性免疫技术和非常竞争性免疫技术,通过酶的级联放大检测环境中高毒重金属汞、铅、镉及生物污染物和其他有害分子,检测极限达 μg/kg 或 ng/kg 级。此外,上海交通大学以竞争性免疫为理论基础,开发研制了呋喃丹酶联免疫试剂盒,用于检测蔬菜中的呋喃丹残留。此技术具有快速灵敏、特异性强和适于现场大量样品分析等优点。

9.3 金标免疫速测技术简介

速测试纸条技术是 20 世纪 90 年代以来在单克隆技术、胶体金免疫层分析技术和新材料基础上发展起来的一项新型速测技术。将特异性的抗原(或抗体)以条带状固定于硝酸纤维素膜上,将胶体金标记试剂吸附到结合垫上,当待测样品加到位于试纸条一端的样品垫后,通过毛细作用向前移动,溶解固化在结合垫上的胶体金标记试剂后相互反应,再移动到固定的抗原(或抗体)的区域时,待测物和金标试剂的复合物又与之发生特异性结合而被截留,聚集在检测带上,通过可目测的胶体金标记物得到直观的显色结果。

目前,该技术在医学检测和毒品检测中已得到广泛应用。美国一家公司毒品类金标一步法快速检测试条的检测极限为 200 ng/mL。国内报道了将该技术应用于对环境中饲料添加剂残留、牛奶中抗生素残留进行检测的有关研究。上海交通大学已将该技术成功应用于农药的快速检测,它以竞争性免疫为理论基础,使用胶体金标记特异性抗体,样品中的农药与固化在硝酸纤维膜上的抗原和胶体金标记抗体竞争性结合,以固化抗原的检测点是否显色及显色的深浅来判断是否有农药及农药的含量。该方法具有特异性强、交叉反应少、稳定性高、批内及批间差异小、结果判断明确、检测快的优点,用于环境检测,其准确性和特异性与 ELISA 方法相同,灵敏度稍低,检测极限为 $0.01\sim0.25$ mg/mL。以胶体金作为标记物代替酶,降低了对温度的依赖性,且操作简便、成本低廉,特别适合对环境污染物的在线检测。

9.4　PCR 技术简介

聚合酶链式反应技术是 1985 年由美国人类基因学会（ASHG）年会在 DNA 片段扩增工作研究中得以描述的。近年来，随着 PCR 技术的不断发展与完善，它在环境微生物学中得到了广泛的应用。该技术通过选择某微生物物种的一段特异性基因区域（即所谓"目标序列"）进行体外扩增，然后利用凝胶电泳等技术对扩增产物进行分析，从而确定环境样品中微生物的种类与含量。该方法不仅具有特异性好、灵敏度高、快速简便和可重复性等优点，而且克服了传统微生物技术中丢失微生物多样性、不能正确反映微生态等缺点。与此同时，现有许多分子生物学技术都是在 PCR 扩增的基础上来鉴定微生物群落中原本含量很低的 DNA 序列，从而对环境微生物的群落结构进行全面分析。因此，该技术越来越受到环境工作者的青睐。

PCR 技术的基本原理类似于 DNA 的天然复制过程，其特异性依赖于与靶序列两端互补的寡核苷酸引物。PCR 由变性—退火—延伸 3 个基本反应步骤构成。①模板 DNA 的变性：模板 DNA 经加热至 94 ℃左右一定时间后，模板 DNA 双链或经 PCR 扩增形成的双链 DNA 解离，成为单链，以便它与引物结合，为下轮反应做准备。②模板 DNA 与引物的退火（复性）：模板 DNA 经加热变性成单链后，温度降至 55 ℃左右，引物与模板 DNA 单链的互补序列配对结合。③引物的延伸：DNA 模板-引物结合物在 TaqDNA 聚合酶的作用下，以 dNTP 为反应原料，靶序列为模板，按碱基配对与半保留复制原理，合成一条新的与模板 DNA 链互补的半保留复制链。重复循环变性—退火—延伸 3 个过程，就可获得更多的"半保留复制链"，而且这种新链又可成为下次循环的模板。每完成一个循环需要 2～4 min，2～3 h 就能将待扩增的基因扩增放大几百万倍。到达平台期所需要的循环次数取决于样品中模板的复制次数。

PCR 反应成分：模板 DNA、引物、4 种脱氧核糖核苷酸、DNA 聚合酶、反应缓冲液、Mg^{2+} 等。

PCR 反应基本步骤（图 9-1）如下。①变性：高温使双链 DNA 解离形成单链（94 ℃，30 s）；②退火：低温下，引物与模板 DNA 互补区结合（55 ℃，30 s）；③延伸：中温延伸，DNA 聚合酶催化以引物为起始点的 DNA 链延伸反应（70～72 ℃，30～60 s）。以上述 3 个步骤为一个循环，每一个循环的产物均可作为下一个循环的模板，经过 n 次循环后，目的 DNA 以 2^n 的形式增加。

一般来讲，PCR 技术主要要用于监测环境中的生物污染（病原菌、病毒及有害生物）。例如：Niederhauser 等利用 PCR 技术检测了食品中易导致人类脑膜炎的单核细胞生物李斯特氏菌，分析只需几个小时便可完成，大大缩短了分析周期（传统方法需 10 d）。Llop 等利用 PCR 技术检测了植物中的致病菌，该方法与苯酚-氯仿标准检测方法相比更加灵敏。对穗状花序样品中致病菌的检出达 $10^2 \sim 10^3$ cfu/mL。PCR 技术的高灵敏度和专一性使其可用于检测大量平行的样品，借由 PCR 和其他已知方法扩增特定的基因序列，用

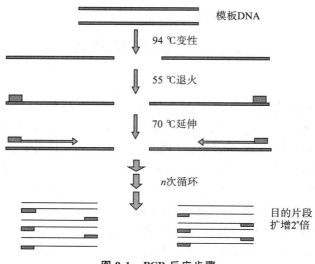

图 9-1　PCR 反应步骤

于检测环境中有传染性的寄生性胞菌。不仅如此,PCR 技术还可以跟踪环境中基因工程菌株,测定基因表达,并根据基因序列的诊断来检测环境中的特异性种群。随着 PCR 技术不断发展,又相继建立了套式 PCR、反向 PCR、复式 PCR 等技术。

PCR 技术在水环境微生物病原体检测中具有广泛的应用。水中的微生物病原体可划分为 4 类:病毒、细菌、病原原生动物、病原蠕虫。其中大部分为肠源性,即由粪便污染环境,再通过消化道侵入新的宿主。由于水源最容易受到人类及动物粪便的污染,同时还有一些非肠源性的病原体如军团杆菌、分歧杆菌等也可能进入水体造成污染,因此,污水和原水中存在的微生物病原体是世界范围内威胁公众健康的主要问题,对该类病原体进行检测对于监测水质或是评价污水处理效果有重要意义。传统检测方法是对病原体进行人工培养或细胞培养,或是对无法培养的病原体进行显微镜检测。这些方法不仅耗费大量的人力、物力和财力,而且准确度差。采用 PCR 技术检测水环境中的微生物病原体,无需培养而是直接取样进行分析,特异性强、灵敏度高、迅速简便且具有较高的精确度。病毒是水中最危险的病原体,感染性高、致病剂量低且难以检测。常规检测技术通常是首先富集培养,而后采用电镜观察等方法,耗费大量人力、财力且精确度差。而采用 PCR 技术可以克服常规方法的局限性,同时可以大大扩大病毒的检测范围及数量。Brooks 等对雨季时海水中的甲肝病毒,采用 RT-PCR(real time PCR,实时 PCR)进行了检测及定量分析。研究证明,该技术对甲肝病毒的定性及定量测定均有很高的精确度。对于水中的大部分细菌,通常采用分离培养来鉴定它们的种类和数量,但是分离方法和培养基的选择是限制检测效率的问题所在;同时,还有一部分细菌由于不能在人工培养基上生长,使得鉴定出的细菌种类和数量低于环境中的实际值。采用 PCR 技术可以对水中的细菌进行直接检测,从而可以缩短检测时间,扩大检测范围。Tsen 等通过选择大肠杆菌的 16S rRNA 片段进行 PCR 扩增来检测水中的大肠杆菌细胞。通过富集,可以达到 1 $E.coli$ cell/100 mL 的检测限。马颖等人通过设计对埃希香氏大肠杆菌有特异性的引物,研究了基于 PCR 技术检测饮用水中的大肠杆菌的方法。研究表明,该方法比较适用于检测经氯剂消毒或臭氧消毒的饮用水中的大肠杆菌,检测结果与常规滤膜培养法有较好的一致性,且分析时间短,反应灵敏。由于 PCR 采用的是特异性 DNA 体外扩增,以往由于处于休眠状态而无法培养的细菌同样可以被检测到,从而不会造成细菌数量的过低估计。Semenova 等采用 RAPD-PCR(randomly amplified polymorphic DNA-PCR,随机扩增多态性DNA-PCR)方法研究了蠕虫种群之间的基因差别,结果显示不同种之间存在巨大差异性,同时也证明了 PCR 方法用来检测、区分和识别水中蠕虫的可行性。随着人们对饮用水及污水回用安全性要求的提高,对水环境中不同类型的病原体进行检测尤为重要。PCR 技术通过样品中低含量的核酸模板实现对水中微生物病原体的检测,极大地提高了检测效率和准确度。此外,该技术无需指示性微生物而是对水样进行直接检测,可以充分反映水环境中微生物病原体的种类及多样性。

　　PCR 反应的不断完善与发展,为研究水处理工艺中的微生物种群结构提供了一种全新的思路。而该技术目前还主要用于理论分析,如何将这一分析技术用于指导工程实践,例如采用基因克隆技术改变细菌的 DNA 结构,使其具有去除特定污染物的功能,是今后生物修复技术的一个主要研究方向。与此同时,现有技术的分析尚停留在定性阶段,对于样品中微生物定量分析的研究还有待于进一步深入。此外,分子生物学尚不能完全取代传统微生物技术,还需将传统微生物技术与分子生物学技术相结合,对环境微生物进行研究。随着 PCR 技术的成熟与发展,以此为基础的分子生物学技术将成为环境微生物分析技术的技术前沿,必将为环境工程微生物学带来广阔的发展前景。

9.5　生物芯片技术简介

　　生物芯片(biochip)是指采用光导原位合成或微量点样等方法,将大量生物大分子(如核酸片段、多肽分子甚至组织切片、细胞等生物样品)有序地固化于支持物(如玻片、硅片、聚丙烯酰胺凝胶、尼龙膜等载体)的表面,组成密集二维分子排列,然后与已标记的待测生物样品中靶分子杂交,通过特定的仪器(如激光共聚焦扫描仪或电荷偶联摄影像机)对杂交信号的强度进行快速、并行、高效的检测分析,从而判断样品中靶分子的数量。由于常用玻片/硅片作为固相支持物,制备过程类似计算机芯片,所以称为生物芯片技术。根据芯片上固定探针,可分为生物芯片、分基因芯片、蛋白质芯片、细胞芯片、组织芯片等;根据检测原理,可分为元件型微阵列芯片、通道型微阵列芯片、生物传感芯片等。如果芯片上固定的是肽或蛋白,则称为肽芯片或蛋白芯片;如果芯片上固定的是寡核苷酸探针或DNA,就是 DNA 芯片。

　　生物芯片技术是 20 世纪 90 年代中期以来影响最深远的重大科技进展之一,是融微电子学、生物学、物理学、化学、计算机科学为一体的高度交叉的新技术,具有重大的基础研究价值,又具有明显的产业化前景。由于用该技术可以将极其大量的探针同时固定于支持物上,所以一次可以对大量的生物分子进行检测分析,从而解决了传统核酸印迹杂交技术复杂、自动化程度低、检测目的分子数量少、低通量等问题。而且通过设计不同的探针阵列、使用特定的分析方法可使该技术具有多种不同的应用价值,如基因表达谱测定、突变检测、多态性分析、基因组文库作图及杂交测序等,为"后基因组计划"时代基因功能的研究及现代医学科学和医学诊断学的发展提供强有力的工具,将会在新基因的发现、基因诊断、药物筛选、给药个性化等方面取得重大突破,为整个人类社会带来深刻而广泛的变革。该技术被评为 1998 年度世界十大科技进展之一。

生物芯片的成熟和应用一方面为 20 世纪的疾病诊断和治疗、新药开发、分子生物学、航空航天、司法鉴定、食品卫生和环境监测等领域带来一场革命;另一方面生物芯片的出现为人类提供能够对个体生物信息进行高速、并行采集和分析的强有力的技术手段,故必将成为未来生物信息学研究中的一个重要的信息采集和处理技术。

基因芯片也广泛地应用于环境保护,它可以快速检测污染微生物或有机化合物对环境、人体、动植物的污染和危害。如 Fritzsche 用纳米金标记 DNA 芯片检测环境中的污染物,芯片耐用、可靠,具备更好的稳定性和专一性,而且转化为光学信号时受环境影响较小,易操作。此外 Rudolph 和 Reasor 报道了一种新颖的可提供潜在的、高通量信息的细胞芯片和组织芯片,与基因芯片和蛋白质芯片相比,可以提供更多的信息,为应用于环境检测提供了可能。目前,环境科学家已经意识到将生物芯片引入环境科学研究中的重大意义,环境基因学也已成为国外基因学研究中的新概念和新方向,而生物芯片正是研究环境基因学的重要手段,能快速反映环境因素对人类基因的影响。目前,国内这方面的研究较少,但已逐步成为前沿课题。

9.6 生物传感器简介

生物传感器是指对生物物质敏感并将其浓度转换为电信号进行检测的仪器,是由固定化的生物敏感材料作为识别元件(包括酶、抗体、抗原、微生物、细胞、组织、核酸等生物活性物质),与适当的理化换能器(如氧电极、光敏管、场效应管、压电晶体等)及信号放大装置构成的分析工具或系统。其基本原理是待测物质经扩散作用进入生物活性材料,经分子识别,发生生物学反应,产生的信息继而被相应的物理或化学换能器转变成可定量和可处理的电信号,再经二次仪表放大并输出,便可知道待测物的浓度。

1967 年乌普迪克等制造出了第一个生物传感器——葡萄糖传感器。将葡萄糖氧化酶包含在聚丙烯酰胺胶体中加以固化,再将此胶体膜固定在隔膜氧电极的尖端上,便制成了葡萄糖传感器。当改用其他的酶或微生物等固化膜,便可制得检测其对应物的其他传感器。生物传感器研究的全面展开是在 20 世纪 80 年代,它在食品工业、环境监测、发酵工业、医学等方面得到了高度重视和广泛应用。在环境监测中,二氧化硫(SO_2)是酸雨酸雾形成的主要原因,但传统的检测方法很复杂,Barthelmebs 等人将亚细胞类脂类固定在醋酸纤维膜上,和氧电极制成安培型生物传感器,可对酸雨酸雾样品溶液进行检测。同时在医学领域,生物传感器技术为基础医学研究及临床诊断提供了一种快速简便的新型方法。而且因为其专一、灵敏、响应快等特点,在临床医学中,酶电极是最早研制且应用最多的一种传感器,利用具有不同生物特性的微生物代替酶,可制成微生物传感器。

近年来,随着生物科学、信息科学和材料科学发展的推动,生物传感器技术飞速发展。可以预见,未来的生物传感器将具有以下特点:

(1)功能多样化:未来的生物传感器将进一步涉及环境监测、疾病诊断、食品检测的各个领域。目前,生物传感器研究中的重要内容之一就是研究能代替生物视觉、听觉和触觉等感觉器官的生物传感器,即仿生传感器。

(2)微型化:随着微加工技术和纳米技术的进步,生物传感器将不断地微型化,各种便携式生物传感器的出现使人们在家中进行疾病诊断、在市场上直接检测食品成为可能。

(3)智能化与集成化:未来的生物传感器必定与计算机紧密结合,自动采集数据、处理数据,更科学、更准确地提供结果,实现采样、进样、结果一条龙,形成检测的自动化系统。同时,芯片技术将进入传感器领域,实现检测系统的集成化、一体化。

(4)低成本、高灵敏度、高稳定性和高寿命:生物传感器技术的不断进步,必然要求不断降低产品成本,提高灵敏度、稳定性,延长寿命。这些特性的改善也会加速生物传感器市场化、商品化的进程。

参考文献

[1]陈玉娟.环境监测实验教程[M].广州:中山大学出版社,2012.

[2]孙成.环境监测实验[M].2版.北京:科学出版社,2010.

[3]邓晓燕,初永宝,赵玉美.环境监测实验[M].北京:化学工业出版社,2015.

[4]奚旦立.环境监测[M].北京:高等教育出版社,2016.

[5]岳梅,马明海,陈世勇.环境监测实验[M].2版.合肥:合肥工业大学出版社,2017.

[6]施文健,周化岚.环境监测实验技术[M].北京:北京大学出版社,2009.

[7]NIEDERHAUSER C U, CANDRIAN U, HFELEIN C, et al. Use of polymerase chain reaction for detection of Listeria monocytogenes in food[J]. Appl Environ Microbiol, 1992, 58(5):1564-1568.

[8]LLOP P, CARUSO P, CUBERO J, et al. A simple extraction procedure for efficient routine detection of pathogenic bacteria in plant material by polymerase chain reaction[J].J Microbiol Meth, 1999, 37(1):23-31.

[9]BROOKS H A, GERSBERG R M, DHAR A K. Detection and quantification of hepatitis A virus in seawater via real-time RT-PCR[J]. Journal of Virological Methods, 2005, 127(2):109-118.

[10] TSEN H Y, LIN C K, CHI W R.Development and use of 16S rRNA gene targeted PCR primers for the identification of Escherichia coli cells in water[J].Journal of Applied Microbiology, 1998(3):3-10.

[11]SEMENOVA S K, ROMANOVA E A, RYSKOV A P. Genetic differentiation of helminths on the basis of data of polymerase chain reaction using random primers[J]. Genetika, 1996, 32(2):304-312.

[12]马颖,龙腾锐,方振东.PCR技术检测饮用水中大肠杆菌[J].中国给水排水,2004,20(9):3-7.

[13]FRITZSCHE W. DNA-gold conjugates for the detection of specific molecular interactions[J]. Journal of Biotechnology, 2001, 82(1):37-46.

[15] RUDOLPH A S, REASOR J. Cell and tissue based technologies for environmental detection and medical diagnostics[J]. Biosensors & Bioelectronics, 2001, 16(7-8):429-431.

[16] BARTHELMEBS L, HAYAT A, LIMIADI A W, et al. Electrochemical DNA aptamer-based biosensor for OTA detection, using superparamagnetic nanoparticles[J].Sensors and Actuators B: Chemical, 2011,156:932-937.